論文・プレゼンの科学 増補改訂版

読ませる論文・卒論　聴かせるプレゼン　優れたアイディア　伝わる英語の公式

河田 聡

改訂にあたって：
「中級編」と「アイディアの科学」

　初版を上梓して、はや6年以上が経ちました。おかげさまで多くの方々に読んでいただきました。初版では、論文やプレゼンテーション（以下プレゼンと表記）の経験の少ない学生を対象として、論文とプレゼンのテクニックを科学的に説明しました。努力や練習の繰り返しではなく、科学的に論文とプレゼンを理解してもらおうと企みました。聴衆が一言も聞き漏らすことのないように、読者が一言も読み損ねることがないように、話す・書くためのストーリー作りについて説きました。大勢の聴衆の前で講演するときに緊張して頭のなかが真っ白にならないためのいくつかのヒントも書きました。私の学生たちの論文やプレゼンは、大いに改善してきたように思います。

　少し慣れてくると、今度はもっと格好よく話したく・書きたくなります。もっと明確にメッセージを伝えたくなります。そのためには、初心者のレベルからさらに上のレベルにスキルを向上させる必要があります。そこで、改訂版にあたって「中級編」を加えました。

　一方、いかに発表スキルに優れていても、自慢と宣伝ばかりでは聴衆も編集者も辟易とします。プレゼン・スキルのテクニック以前に、まずは優れた研究内容であることが大前提です。ほかの人とは異な

る斬新な発想を創造する力が科学者には必要なのです。この増補改訂版では優れた「アイディア」がいかにして生まれるかについても語ります。題して「アイディアの科学」です。あなたが素晴らしいアイディアを思いつき、素晴らしい発見、発明をしたとしても、同じ時期に世界のどこかで少なくともほかに3人が同じことを思いつくと言われています。世界の文明や文化、社会から完全に長く隔離されたガラパゴス諸島で、たったひとりで研究をしていないかぎりは、同じ時代に生きる同じ分野の科学者たちは同じ興味や課題、トレンドなどを互いに共有しています。よほど突拍子もないアイディアでないかぎりは、それこそ何百人も何千人もが同時に同じことを思いつくことでしょう。だから、ほかの大勢の誰よりも先に論文にしなければならないのです。そうでなければ、あなたは科学者として生き残れません。2番目の発表は不必要です。2番目以降に発表した人には、盗作の疑いすらかけられてしまうかもしれません。

　この増補改訂版では、どうしたらほかの人にないアイディアを生み出すことができるか、私の開発した方法を伝授したいと思います。私のアイディアの科学を公開してしまうと、私のテーマの開拓法や課題の解決法が盗まれてしまうかもしれませんが、もし私のやり方が皆さんにも通じるならばそれはとても嬉しいことです。

　この本の出版のお陰で、私は研究室の学生たちにプレゼンや論文

で同じ説明や注意を毎年毎年繰り返すことはなくなりました。学生たちは論文の執筆や発表の準備にあたって、この本から私のメッセージを学んでくれるようになりました。

　しかし残念なことに、折角本を買ってくれて読んでくれてもその科学が身についていない学生たちがいます。本を読んで納得することと、実際に学んだことを活用できることは別のことのようです。読みものとして面白く読んでくれても、それだけでは身につかないようです。そこで、今回の増補改訂版では読むのに少し時間がかかるように工夫しました。読みものとして簡単に読み飛ばしてしまわないように、例題をさらにいくつか加えました。

　私の夢は、日本人が国際社会のなかで発表や論文を通して正当に評価されることです。そして、世界の人たちに尊敬され世界の人たちに貢献することです。この本がほんの少しでも講演者や執筆者の自信につながり、そして日本人の発表内容が世界のなかでより高く評価されることの一助になれば、それに勝る喜びはありません。

2016年2月

河田　聡

はじめに

　日本人は、人前で話すことやレポートを書くことが苦手です。多くの人が、自分は恥ずかしがりで引っ込み思案で上がり症だと思っています。「コミュニケーション・スキル」とは、もともと持って生まれた才能ではありません。学ぶことによって、誰もが得られるスキルです。帰国子女には屈託なく自分の意見を発言できる子どもたちが大勢います。日本人に才能がないのではありません。スキルを学ばなかったから、教えられたことがなかったから、苦手だと思うだけなのです。

　プレゼンの仕方やレポートの書き方は、苦労をして失敗を重ねないと身につかないと考える人が多くおられます。私は、そうではないと考えます。日本では、人に向かって話すこと・人に向かって書くことを、教えられたことがないから苦労するのです。

　私の研究室には毎年の夏、アメリカの19歳の学生が2か月のインターンシップに訪れます。2か月の間、私の研究室に暮らし、サイエンスの研究を体験します。その最後に研究室のゼミで発表をします。パソコンを使って、とても見事なプレゼンをします。日本人の大学院生よりもずっと自信に満ちて、魅力的な発表をします。彼らはアメリカの大学の2回生ですから、未だ高校か教養課程レベルで、専門用語も初めて聴く単語ばかり、実験もまったく初めての経

験です。それなのに発表はとても力強く魅力的です。

　何が違うのでしょうか？

　アメリカでは、高校から大学に至る間、何度も何度もプレゼンの仕方とレポートの書き方を学ぶ機会があります。高校生でもパソコンのプレゼンソフトを自由に使いこなします。日本の若者たちが大学入試のために英単語や数学の公式を丸暗記している間に、アメリカの若者は自分の言葉で自分を他人にアピールするスキルを学んでいるのです。

　日本の学校の「国語」の授業では、有名な文学（他人の文章）を読解することを教えてくれますが、他人に向かって文章を書くことや人前で話をすることについては、教えてくれません。

　「読み・書き・算盤」という言葉があります。人が、社会で生きていくために最低必要な３つの要素です。この３つができないと社会に出たときに困ります。日本の学校では、そのうちの「書き」だけは教えてくれないのです。学校での物理や化学、歴史や体育、音楽の成績が悪くても生きていくことはできます。しかし、自分の考えを他人に伝えること、すなわち「書くこと」「話すこと」ができなければ、組織や社会から孤立してしまうでしょう。

日本では、大学を卒業するときになって初めて、論文を書いて発表をします。そして、それまでに人に向けての「書き方」「話し方」を学校で教えられていないことに気がつきます。大学院に進んで学会で発表し、また学術誌に論文を書くようになり初めて「論文の書き方」「発表のやり方」を学んだことがないことに気がつきます。会社に入って、報告書を求められてプレゼンを求められて初めて「レポートの書き方」「プレゼンテーションの仕方」を学んだことがなかったことに気づきます。外国に出張して交渉ビジネスを任されて初めて、英語で人と交渉するスキルを学校で習わなかったことに気がつきます。
　でも、手遅れではありません。いまからでも間に合います。

　プレゼンやレポートは、才能ではありません。論文やプレゼンは「文学」ではありません。簡単な公理に基づいた「科学」です。それを日本では誰も教えてくれなかったから、いま苦手に感じるだけです。

　私は、大学の研究室で理系の学生を指導しています。彼らが論文を書くとき、彼らはいきなり文学者になろうとでも思うのか、筆が進みません。普段は普通に話せる人たちが、ゼミ発表では緊張をして難しい話をし、何が言いたいのかわからない発表をします。

　本書では、苦労をせずに努力をせずに「論文」を書く方法を伝授

したいと思います。失敗せず恥をかかずに「プレゼン」ができる方法を伝えたいと思います。ついでに少し「英語」についても語ります。楽をして英語が上手になる方法です。

　「論文」「プレゼン」「英語」は、経験や情熱やセンスではありません。これらがうまくできないのは、皆がその「科学」を学ばなかっただけです。知らないだけです。学ばないかぎりは、何回失敗してもうまくはなりません。

　この本で書かれる論文・プレゼンの「科学」はきわめて簡単な理屈に基づいていますから、すぐに読み切ることができるかもしれません。しかし、実際に論文を書くときに、実際にプレゼンを準備するときに、何度も読み返してください。

　私の「論文・プレゼンの科学」は、これまで研究室を巣立った学生たちには大いに効果がありました。私の「論文・プレゼンの科学」理論に従うだけで、彼らのスキルは短い期間に著しく向上しました。でも、また翌年になると、論文の書けない学生・発表のできない学生が研究室に入ってきます。同じことの繰り返しです。そこで、本にまとめることにしました。「初めて」の人、「何度書いても何度発表してもうまくできない」人のお役に立てれば幸いです。

2009年12月

河田　聡

コラム1
スタンフォードの卒業式

　2007年、アップルの創業者、スティーブ・ジョブズがスタンフォード大学の卒業式でスピーチをしました。話は、彼が大学を卒業していないことの告白から始まります。話のなかで何度もホロリとさせられ、何度も勇気づけられたあと、大学なんて卒業しなくっていいのだという、刺激的な言葉でスピーチが終わります。卒業生たちは皆立ち上がって、称賛の拍手が鳴り止みません。

　彼は生まれてすぐに養子に出されました。生みの親が育ての親に求めた約束は息子を大学に行かせることであったのに、自ら大学を中退してしまいます。自分の作った会社アップルが大成功を収めると、会社から追い出されます。さまざまな挫折を経験し、がんを患うなどいろいろな苦労をします。一方、マッキントッシュ、PIXER、iPod、iPhoneなど世のなかを変える新しい商品を次々生み出し、輝かしい成功を収めました。皆が彼の話に感激するのは当然です。

　しかし、それは彼の人生が素晴らしいからだけではなく、彼の卒業式のスピーチそのものが素晴らしいからでもありました。このスピーチはスタンフォード大学の動画サイトで見ることができます。是非一度ご覧ください。彼のスピーチは見事なまでに「科学的」に組み立てられています。

マックワールドというアップルが新製品を発表する展示会でも、スティーブ・ジョブズは毎年必ず自らプレゼンをしていました。そこで使われるソフトは、もちろんアップルの純正ソフトの「Keynote」です。ウィンドウズの「Word」や「Power Point」が使いにくい（と私は感じる）のは、ユーザー（お客さん）をメーカーの標準ルールに従わせようとするからだと思います。スティーブ・ジョブズは、自らユーザーとして自社のソフトを使って、プレゼンをしたのです。

　論文・プレゼンの極意は読者・聴衆（お客さん）が主役と考えることです。この本の主旨は、そのことに尽きます。

もくじ

改訂にあたって：「中級編」と「アイディアの科学」……………… 3
はじめに………………………………………………………………… 6
コラム1　スタンフォードの卒業式………………………………… 10

第1部 論文の科学―何行目まで読んでもらえるかが勝負― … 17

  1　作文は理科である ……………………………………………… 18
  2　語りかけるように書く ………………………………………… 19
  3　「です・ます調」のすゝめ …………………………………… 21
  4　読み手によって書き方は異なる ……………………………… 22
      【例題1】読み手によって書き方を変える（学生⇒教員）…… 25
  5　日誌を書く―自分へのメッセージ― ………………………… 26
コラム2　私のメモ帳 ………………………………………………… 27
コラム3　ノートのとり方 …………………………………………… 29
コラム4　ノートは原則1冊のみ …………………………………… 30
  6　パソコンは使わない …………………………………………… 31
  7　論文はプレゼンから生まれる ………………………………… 33
  8　序論がすべて …………………………………………………… 34
      【例題2】序論で惹きつける ……………………………………… 36
コラム5　理系を文系にする作家：梅原猛と司馬遼太郎 ………… 37
  9　立ち読み客と勝負する ………………………………………… 38
 10　序論には個人的なメッセージをこめる ……………………… 39

【例題3】「個人的なメッセージを込める」
　　　　―推薦書を例として（添削例）……………………… 40

コラム6　大学教授がベンチャービジネスをやる理由 ………… 44

　11　サマリーは要らない ……………………………………… 45
　12　ストーリーの作り方：起承転結は間違い ………………… 46
　13　タイトルのつけ方：英語と日本語は順序を同じに ……… 49
　14　論文は箪笥ではなく、数珠つなぎ ………………………… 52
　15　関係代名詞は禁止：速読は主語と述語だけを読む ……… 55
　16　形容詞・副詞は使わない：世界一・世界初もダメ ……… 57

コラム7　世界に3人 …………………………………………… 58

コラム8　世界最小のウシ ……………………………………… 59

　17　枝葉末節：「さて」「ところで」はダメ ………………… 61
　18　採択される投稿論文：ネガティブ・モーティベイションの禁止 … 63

コラム9　インパクト・ファクター …………………………… 65

　19　拒絶されない特許の書き方 ………………………………… 66
　20　目次の作り方 ………………………………………………… 69
　21　目次項目の多層構造は禁止、章と節まで ………………… 70

　　【例題4】学生の書いた目次の添削例 ……………………… 73

　　【例題5】レポートの書き方 ………………………………… 75

第2部　プレゼンの科学―聴衆のために聴衆に話す―　…… 85

　　1　誰に話すのか？ ……………………………………………… 86
　　2　初めての学会発表：プログラムを解読する ……………… 88
　　3　準備段階（ストーリー作り）ではパソコンを使わない ……… 90
　　4　アウトラインに工夫 ………………………………………… 92
　　　　【例題6】アウトラインの添削例 ……………………………… 94
　　5　プレゼンのストーリーは時間反転させる ………………… 97

コラム 10　私の講演のアウトライン ……………………………… 99

　　6　プレゼンテーションソフトの補助機能は切る ……………… 101
　　7　スライドにはタイトルをつけない ……………………… 103
　　8　スライドは上から下、左から右 ………………………… 104
　　9　演台でアガらないための事前準備 ……………………… 106
　　10　ポケットに手を入れる …………………………………… 109
　　11　前の発表者を前座にしてしまう ………………………… 110

コラム 11　一番前に座る（プレゼンの聴き方） ………………… 112

　　12　スクリーンを見ない ……………………………………… 113
　　13　ポインターは使わない …………………………………… 114
　　14　スライドに書いてあることは全部話す、
　　　　書いていないことは話さない ……………………………… 116
　　15　楽しそうに話す …………………………………………… 117

コラム 12　教授とうまくつきあうための科学
　　　　　―面談にもプレゼンと同じ準備を― ……………………… 118

コラム 13「ミニッツ」のスゝメ ……………………………………… 121

第3部　論文・プレゼンの科学　中級編　……………………… 125

1　学術論文を書こう（まず雑誌選びから）……………… 126
コラム14　研究所が研究成果をマスコミ発表する？　……………… 130
2　論文のスタイルを読み解く（投稿ガイドラインに従う）… 131
3　『Nature』『Science』に投稿する：投稿の例として …… 132
コラム15　Schekman博士の批判　……………………………… 134
コラム16　オープンアクセスジャーナル　…………………… 136
4　論文を書く　……………………………………………… 138
5　学術論文のアブストラクトはかならず最後に書く ……… 139
6　カバー・レターとアピール・レター　………………… 140
コラム17　読んでもらえるメールの書き方　………………… 142
7　講演要旨は予告　………………………………………… 145
【例題7】私の講演のタイトルと要旨　……………… 146
8　よいタイトル・わるいタイトル　……………………… 147
コラム18　「間」を恐れない　………………………………… 150
コラム19　一般向けの講演会に専門家が座っている？　……… 151
コラム20　司会の科学　……………………………………… 152
コラム21　会議の科学　……………………………………… 155
9　文字のないスライド（ビューグラフ）………………… 157
【例題8】私のスライド　……………………………… 158

第4部　アイディアの科学 …… 159

　　1　アイディア創造力を鍛える論文の読み方 …… 160

コラム22　研究助成の弊害 …… 168

　　2　まねからサイエンスは生まれない …… 170
　　3　カッコイイ研究 …… 172
　　4　流行を否定するところからアイディアが生まれる …… 174
　　5　三題噺 …… 177
　　6　待つということ …… 180

コラム23　「未決」と「既決」（EvernoteとDropbox） …… 183

第5部　英語の科学─発音は下手でも通じる─ …… 187

　　1　語学は努力ではなく、科学である …… 188
　　2　5分間の丸暗記 …… 190
　　3　外国人と仕事をする …… 192
　　4　子音よりも母音 …… 193
　　5　英語はリズムとイントネーション …… 195
　　6　LとR、kとqu、uとw：長子音と短子音 …… 196
　　7　カタカナ表記が英語習得の妨げ …… 199
　　8　通じる訛り …… 201

コラム24　「Could you please speak slowly ?」 …… 203

　　9　単語をらくらく覚える …… 204

コラム25　マクドナルドを伝えられますか？ …… 206

おわりに …… 208

論文の科学
― 何行目まで読んでもらえるかが勝負 ―

1 作文は理科である

　小学校のころ、私は作文が何より嫌いでした。読書も好きではありませんでした。興味がなかったのでしょう。興味のないことを無理にさせられると、人は器用・不器用にかかわらず、そのことが嫌いになってしまいます。興味のない本の読書感想文を無理やり書くことは苦痛であり、それを繰り返すうちにだんだん国語が苦手になってしまいます。高校になると理系・文系の選択があり、自分は理系だから文系科目はできなくて当然と、開き直ってしまいました。

　しかし、いまでは書くことが大好きです。いい文章を書くには、いわゆる文系的センスや文学的才能よりも、まず理系的センスが必要です。とくに論文を書くときには、そうです。科学的に合理的な文章を作ることが、大切です。書くこと・話すことは文学ではなく理科だと言ってもいいと思います。「論文の科学」とは、理系の人たちが大好きな、合理的なルールに従った緻密なテクニックと羽目を外した工夫による「組立の科学」なのです。苦手だと思う人は論文やプレゼンを文学作品と勘違いしているのでしょう。

　論文やプレゼンで一番大切なものはコンテンツであり、文学的表現ではありません。自分の言いたいこと（コンテンツ）を的確に

表現することと、ストーリーの組み立てを愉しむことができれば、論文を書くことが好きになるはずです。

2　語りかけるように書く

　文章とは「人」に何かのメッセージを伝えるために書くものです。ですから、文章を書くときには、「人」に語りかけるように書きましょう。読み手が、あなたに語りかけられていると感じられるように書くことができれば、あなたのメッセージは相手によく伝わります。

　卒業論文ならば指導の先生に、学会に投稿する研究論文であれば学会の研究者たちに、語りかけるように書きましょう。**独り言にならないように、伝えたい相手をイメージして語りかけるように書いてください。**

　卒業論文とは、自分の研究の総まとめですが、自分へのメッセージ（独り言）ではダメです。卒業論文を読んで審査するのは、指導教授であり審査員の先生ですから、その先生に話しかけているつもりで書きます。審査員の先生に「この学生はよく頑張っているな、よくわかっているな、この論文はなかなか面白いね」と思わせるように書くのです。審査員の先生の前での発表会の言葉を、

そのまま文字にすると思えばいいでしょう。

伝えたい人をイメージする

3 「です・ます調」のすゝめ

　私に提出されるレポートのなかで、私にメッセージが伝わる文章の多くは「です・ます調」で書かれています。です・ます調のレポートのほうが、本人が私に語りかけてくれているようで、伝えたいメッセージがうまく伝わってきます。

　たとえば、自分が理解できていないことを私に知ってほしいときに「なぜ近接場光は遠くに伝わらないのか、私にはわかっていません」と書けば、そのメッセージは私に伝わりますが、「近接場光が遠くに伝わらないことについて研究が必要であると考える」と書くと、私はメッセージ見逃すでしょう。「近接場顕微鏡の作製について述べる」と書いてくる学生がいますが、「近接場顕微鏡を作りました」と書きましょう。表現は簡単で素直なほうが正しく伝わります。変に格調を高める必要などありません。

　レポートの文章を上手に書けないうちは、無理をせずに「です・ます調」で書きましょう。無理をして「である調」にしたとたんに余計な言葉が加わり、伝えたいメッセージが変わってしまいます。「です・ます」に慣れて相手に伝わる文章が書けるようになったら、「である調」に切り替えていきましょう。

　私自身も、指定がないかぎり解説論文は「です・ます調」で書きます。読み手に語りかけている雰囲気が出せて、相手にわかり

やすくメッセージが伝わるからです。

　日本語において、書き言葉と話し言葉が異なることは、日本人の文章表現力、プレゼン力に著しくわるい影響を与えていると思います。英語ではこれらが一致しているので、文章が書きやすく、また読みやすいのです。

　というわけで、本書でも私は「です・ます」の話し言葉で書いています。

4 読み手によって書き方は異なる

　理系の卒業論文には、まるでカタログのような論文や、誰にも語りかけない記録のような論文がよく見受けられます。実験の手順や詳細をマニュアルのようにまとめたレポートは、後輩たちにとっては重要ですが、これでは先生に提出する卒業論文とは言えません。読者は後輩ではなく、指導教授です。

　実験の詳細な記録の羅列のような論文も、ときどき見受けられます。いろいろなことを忘れないようにメモ書きをしておくことは大切ですが、それは自分自身が読者であって実験ノートの類です。論文とは言えません。

　同じ「論文」であっても、「卒業論文」と学術誌へ投稿する「学

術論文」とでは、書き方がまったく異なります。

　「学術論文」は、同じ分野で研究を競い合う研究者へのメッセージです。あなたがほかの誰よりも先に見つけた事実や考え方、得られた結果などを、同じ分野の研究者（同業者）に伝えることが目的です。新しい発見や発明、新しい理論や解釈が得られたときに書くものですから、学術論文には締め切りはありません。

　一方、「卒業論文」は卒業するために書くものです。新しい発明も発見も要りません。期限（卒業論文提出締切日）に合わせて、それまでに学んだことをまとめるのです。読者はライバルの研究者ではなく、卒業合格判定をされる先生です。

　「解説論文」や「本」は、いわば講義を文章にしたものですが、受講生（読者）が特定できません。受講生の学科やコースによって、あるいは学部生か大学院生かなどによって、内容や程度は変わります。受講生は企業人かもしれませんし、同じ専門分野の若手の研究者かもしれません。それらの情報がなく、読者層を特定せずに書くと、誰にも魅力のない解説になってしまいます。編集者と相談して、自分で仮想読者層を決めましょう。

　商業誌と学術誌では、同じ「解説論文」でも、そのスタイルは大きく変わります。これも、読者層が異なるからです。文章は読者のために書くのです。この基本がわからず、どこに向けても同じ内容・スタイルで文章を書く人たちが、日本の研究者や教育者には、残念ながら多く見られます。

第1部　論文の科学

誰に向かって書くのか（読者を想定する）

| 例題 1 | 読み手によって書き方を変える（学生⇒教員）|

卒業論文の序論にありがちな文章を用意してみました。左の文章は、教科書かWikipedeiaと同じような文章であって、あなたの伝えたいことがわかりません。右に添削例を示します。指導教授が読みたいのは、情報や知識ではなく、あなたの言葉です。

例（卒論の序論）	添削例
細胞培養は、生体から細胞を分離して生体外で細胞を増殖する技術である。	生体内の細胞の活動や役割、成分を解明するためには、まず細胞を1つ生体内から取り出すことが必要である。
培養された細胞は、取り扱いが容易であり、大量に試料を作製可能である。実験条件を任意に変えて何度も繰り返し実験を行い、細胞内部の構造や機能をさまざまな条件下で発見できるという利点がある。	そして何度も繰り返し実験するために、取り出した細胞を増殖させたい。そこで、細胞培養の技術が開発された。この技術が発展し、細胞内部の機能や形態変化や異なる条件下で観察、分析することができるようになった。
細胞培養技術の発展によって、倫理的に問題のある動物実験に代わって、培養細胞を利用した医療や薬品の安全性・有効性の評価などの研究が行われるようになった。	培養細胞を利用することにより、医療や薬品の安全性・有効性の評価の目的に動物実験を繰り返しする必要がなくなった。動物実験は倫理上の問題が指摘されている。
このような培養細胞を用いて、細胞内部の形態変化を観察し、疾患の指標となる酵素やタンパク質の発現を発見することは、薬剤や治療法の開発に貢献している。	培養細胞を用いることによって疾患の指標となる酵素やタンパク質の発現が発見されている。これらの研究は、薬剤や治療法の開発に必須である。

5 日誌を書く―自分へのメッセージ―

　実験ノートや日誌は、あなた自身へのメッセージです。その日に起きたこと、感じたこと、知ったことをその日のうちにまとめておきましょう。学会で発表を聴いたとき、実験してうまくいかなかったとき、人と話した内容など、その日に聴いたことはその日のうちに、日誌にまとめましょう。次の日には、またほかのことが始まって、昨日の感激は薄れてしまいます。感激などが鮮明に残っている今日のうちに、メモを残してください。お酒を飲んで酔っぱらってしまっていても、その次の朝に書くよりもその日のうちに書いたほうがいいのです。

　日誌やメモとは、今日のあなたから未来のあなたへのメッセージです。

　私は研究室の学生に、ウイークリー・レポート（週報）やマンスリー・レポート（月報）を提出させます。この1週間どんな勉強・研究をしてきたのか、困っていることや悩んでいることがないか、今後どのような方針で研究を進めていきたいか、などを指導教授の私に対して書いてもらっています。

　教授への週報、月報を書くためにも、レポートを書くためにも、まず毎日、メモ（日誌、日記）を書くことを勧めます。こちらは、あなた自身へのメッセージです。そして、人に見せずとも文章を書く訓練になります。

コラム2
私のメモ帳

　私は常に、小さくて薄っぺらなメモ帳をポケットに入れています。このメモ帳は A6 サイズでどこのコンビニでも売っています。広げれば A5 判、すなわちちょうど A4 サイズの半分になります。見開き 2 ページで、A4 の半ページ分の原稿が書けます。私はここになんでもかんでも、思いついたことや感じたこと、やらなければならないことを書き留めます。会議の最中、人と話をしているとき、朝ご飯を食べるとき、お風呂に入っているときも、アイディアや思い出したことがあれば、飛び出してメモを書いてまた戻ります。夜も枕下において、書き留めます。目が覚めたあとでは忘れてしまっているからです。食事が終わってからでは、会議が終わってからでは、きっと忘れてしまっています。

　メモ帳はパソコンのメモリ、CD-R やハードディスクのようなものです。

　メモは、必ずメモ帳に書いてください。そのあたりにある紙にかくとその紙はどこかにまぎれてしまって、あとで見ることはないでしょう。ほかの書類に書くと、その書類は片付けてしまうので、あとで見る機会は減ります。このメモ帳はいつも手元にあり、常に新しいメモを書くので、そのときに前のメモを読

み直すチャンスがあります。いろいろなノートや紙にメモをとるのではなく、A6 のこのメモ帳にだけメモをとり続けましょう。名刺のコピーや写真などもセロテープかホッチキスで貼りつけます。

　初版を出して 6 年以上が経ち、その間にスマートフォンとデータのクラウド化が進みました。そのためにメモ帳を使わなくなる人が増えています。私はメモ帳の代わりに「Evernote」を使っています。それでも、A6 判の私のメモ帳に書き留めるのと同じように、カテゴリーごとに分割することなく Evernote にただただ書き留めていきます。Evernote は、書いた月日や場所は自動的に入れてくれるので、とても便利です。また新聞記事や写真なども残せます。とはいえ、A6 判のメモ帳も必携です。今でもちょっとしたことを書き留めるには文字変換しながら iPhone で Evernote に書き込むより、メモ帳に書くほうが素早くできるからです。

コラム3
ノートのとり方

　私は講義で学生さんにノートをとらせません。ノートをとると書くことに意識がいって、考えることをおろそかにするからです。ノートがとれないように、黒板もわざときっちりとは書きません。その代わりテキスト（教科書や講義ノート）を使います。テキストのなかにメモ書きするのはかまいません。

　日本では、先生が黒板に字や式や図を書いてそれを生徒が自分のノートに書き写すことを授業だと思っている人がいます。このような一方通行で相互交流のない淡々とした作業は、授業とは言えません。授業とは、先生と生徒が相互交流（interaction）をしながら学ぶべきものです。そうでなければ、生徒は授業になど出ずに、先生の講義ノートのコピーを入手して、家でひとりでそれを勉強すればいいはずです。ノートをとることをやめて、授業中は先生の話を聞いて理解する意識に変えましょう。ただし、キーワードなど、ちょっとしたメモはとっておいてかまいません。

　授業が終わってから、図書館や本屋さんで関連する本を何冊も見て復習をしましょう。授業中にメモをとったキーワードから関連する本のしかるべきページに辿りつくことができるでしょう。最近では本屋さんにすら行く必要はなく、インターネットでかなりのことが解決できます。

　授業のあとで書くノートは、未来の自分に語りかける

ノートです。先生の言葉ではなく、自分の言葉で自分に語りかけるのです。「河田先生は、このように説明したけれど、さっぱりわからなかった。先生もわかっていないかもしれない」

とか、

「授業ではこのように習ったけれども、別の本には違う説明がある。それによれば……」

などと、自分の言葉でノートを作ってください。

コラム 4
ノートは原則 1 冊のみ

　私は、ノートを 1 冊しか持ちません。それに時系列順に学んだことや思いついたことを、書き留めていきます。数冊のノートを持つと、一体どのノートに書いたか、あとでわからなくなるからです。会議中や打ち合わせ中、その他の仕事中に、さまざまな違う話が割り込んできて、そのためのしかるべきノートを探してうろうろするのではなく、1 つのノートに時系列的に書き込むほうがよいと考えます。そのほうが、鞄も軽くなります。

　もちろん、メモ帳も 1 冊です。

6 パソコンは使わない

　パソコンの前に座っていきなり文章を書き始めようとしても、なかなか筆（入力）は進みません。気合が入らずに、すぐに嫌になってしまうことでしょう。**書くことに慣れていない人は、執筆するのではなく、まずは講演をするつもりになるのがいいでしょう。**論文とは読者に話すように書くのですから、講演をしてそれを文字にすればそのまま原稿になるはずです。パソコンに文字を打つのではなく、ひとりで模擬講演をしてそれをテープ（いまだとiPhoneのボイス・レコーダー）に録音し、文章化します。この原稿も、私が編集者を前に話をして、それを録音してテープ起こししたものを、のちに加筆修正しました。

　余程慣れた人以外は、パソコンは使わないほうが賢明です。パソコンを使うと、キーボードと画面と両方に神経を使いながら、自分の思う漢字が出てくるまで仮名漢字変換をしなければなりません。こんなことをしていると、ストーリーに集中することができません。文字変換などに気を使っているうちに、書こうとしていたことを忘れてしまいます。

　ストーリーは、いつどこで生まれるかわかりません。電車やバスのなか、歩いているときや食事中などで、思いついたときにすぐに書かなければ、あとでは忘れてしまいます。だからどこでも

いつでも、コラムで述べたようにメモ帳に書き留めます。正しいしっかりとした文章ではなくて結構。気まぐれにキーワードだけでもかまいません。机の前に座って、パソコンを前にして、言葉が溢れてくることなど滅多にありません。

ストーリーはできるかぎり、紙に手書きしましょう。ノートかメモ帳を手に持って、うろうろ歩き回りながら言葉を探して、文章が頭に浮かべば、ノートかメモ帳に手書きしましょう。

気に入らなければ、そこまで書いたことは全部ボツにして、またうろうろします。パソコンに打ち込むのは、この原ストーリーができたあとです。

ストーリーを作る

7　論文はプレゼンから生まれる

　学術論文を書くときは、学会で発表することを想像して準備をしましょう。すなわち、発表のビューグラフ（スライド）を作るのです。「ペーパー」とよばれる普通の学術論文だと30分程度、「レター」とよばれる速報（刷り上がり3～4ページ）だと15分程度の発表を想定します。発表時間は1枚1分が目安で、15分なら10～15枚です。文字のサイズは、私は36ポイントに固定しています。行数で言うと、最大でも12行です。加えて、図や式、グラフが入ります。

　ビューグラフができれば、これを使って仮想講演をし、その文章を論文にします。プレゼンをするかのごとくにストーリーを作り、聴衆に語りかけるがごとく文章を書いて論文にします。

　学位論文も、学位審査会で発表する原稿だと思ってください。日本の学位審査（ディフェンス）は、時間が短いことが多いのですが、審査員（教授たち）の前で3時間ぐらいのプレゼンをするつもりで、講演準備をしてください。それが、そのまま学位論文になります。

　私自身は順序がこの逆であることが多く、どこかで講演した内容をそのまま原稿にするのが普通です。

　講演せずに文章だけを書くと、読者や審査員の存在を忘れた独り言の文章になりかねません。論文を書くためにはまず、仮想講演を準備してください。

論文を書くことと発表をすることは、基本的に同じです。

論文に書いた内容を発表し、あるいは逆に聴衆を前に発表した内容を論文にします。この2つの違いは、冗長性です。プレゼンは、聴衆の理解力に合わせて発表のペースを作ります。聴衆は、講演の最初に話した内容を忘れてしまうことがあるので、先に話した内容をときどき繰り返すことが必要です。他方、論文では、読み手は前に出た話題が気になればそこに戻るので、同じ内容の繰り返しは必要ありません。

8 序論がすべて

論文は必ず、序論(イントロダクション)から書いてください。映画も小説も、授業でも導入部はとても大切です。すべての情熱を、序論に注ぎ込んでください。学術論文であっても小説であってもエッセイでも、どこまで読んでもらえるかが勝負です。序論でつまずいてはなりません。

論文執筆の時間の半分ぐらいを、序論の構想と執筆に費やすのがよいでしょう。審査員の先生は、必ず序論を読みます。それどころか序論だけしか読まないこともあります。序論がいい加減であると、一事が万事、本論もよくないだろうと判断されてしまいます。

序論は、どうしても本文を読みたくなるように書くべきです。文

字通り、イントロダクション（導入部）です。序論を越えて本論の何ページ目まで読ませるかが、勝負です。序論の途中で投げ出されてしまうような論文は失格です。数多くある論文のなかから、読者にあなたの論文の何行目までを読ませるかが、勝負なのです。

序論よりも先に実験や理論の章から書き始める人が多いと思います。そのほうが、楽です。でも、必ずイントロダクションから書いてください。

書いている途中で、気持ちが変わってストーリーをもう一度書き直すのはかまいません。ただ、途中から書き始めてはいけません。

卒論や学位論文なら1か月ぐらいかけて、いくつもの異なる序論を書いてみましょう。

そしてそのなかからもっとも魅力的で知的で面白くて読みやすい序論を1つだけ選びます。**複数の序論を混ぜ合わせてはいけません。ストーリーは1つだけです。**

序論のストーリーは、机の前に座っていても浮かんできません。実験をしながら、実験ノートをまとめながら、友達や家族と日常生活を過ごしながら、いつも序論を気にし続けていると、ふと思いつくものです。私は車を運転しているときに思いつくことが多いのですが、そのときは、車を止めてすぐにメモをとります。お風呂中やトイレのなかや、寝入りばなに思いつくこともあります。どんなときでも思いついたらすぐにメモをとれるように、近くにメモ帳を置いておいてください。

例題 2　序論で惹きつける

　私の過去の原稿から 2 篇、序文（序論）を紹介します。参考にしてみてください。

　これまで、何度かプラズモニクスに関する解説を書いてきたが、今回もいつもと少し違った説明の仕方をしてみよう。プラズモニクスの特徴や機能はいろいろ挙げることができるだろうが、その本質は「スローライト」特性にあると筆者は考える。……
　（河田聡：プラズモニクスの未来を探る，応用物理，80(9): 757-765, 2011.）

　金属は電子の海である。その表面に立つ波が表面プラズモンである。自由電子の集団的振動であり、金属と接する媒質側に電磁波を伴う。これを表面プラズモンポラリトンとよぶ。……
　（河田聡ほか：プラズモニクスと近接場顕微鏡：温故知新，光技術コンタクト，47(11): 570-577, 2009.）

コラム5
理系を文系にする作家：梅原猛と司馬遼太郎

　理系の私が歴史に興味を持ったのは、哲学者である梅原猛さんの書物を読み始めたのがきっかけです。『隠された十字架』『水底の歌』『黄泉の王』『神々の流竄』『湖の伝説』『仏像・心とかたち』など貪り読んだものです。梅原さんの本は、最初3、4ページにその本で言いたいメッセージがすべて詰まっていて、内容はわかってしまいます。より詳しく読みたければさらに本論に入っていくように、仕掛けられています。私のように、高校のころに歴史を楽しめなかった理系の皆さんには、梅原さんの本が「歴史も宗教も哲学も科学である」ということを学ぶきっかけになると思います。

　理系の私が影響を受けたもうひとりの作家は、司馬遼太郎さんです。『坂の上の雲』では、なぜロシアはバルト海を出て散々苦労をして日本海にまで辿り着き、東郷平八郎に大敗をしなければならなかったのか、詳しく（ちょっと長すぎますが）書かれています。

　歴史学とは、過去に何があったかを知ることだけではなく、過去の事件の必然・偶然の「なぜ」を問う学問だと思います。その意味で、歴史もまた、論理的な科学であると思います。大学入試ではまったく覚えられない歴史も、司馬さんの本を読めば、まるで数学の問題を解くかのように頭に入ってきます。彼の文章は方程式を解いていくかのごとく痛快に進んでいきます。起承転結はありません。『日本沈没』の作家、小松左京さんにも同じような印象を覚えます。

9 立ち読み客と勝負する

　運よく読者に序論を読み切ってもらったとしても、そのあともさらに本文を読み続けてもらわなければなりません。卒論や学位論文を読む教授は、同時にたくさんの論文を読まされます。集中して何人もの学生の論文を最後まで丁寧に読むことは、教授にとっても大変です。**本論の何ページまで読み続けてもらえるかが勝負です。**

　本屋で立ち読みをするときのことを思い起こしてください。まずは、タイトルが大切でしょう。タイトルに興味をそそられなければ、その本を手にも取らないことでしょう。

　タイトルに興味を持ったら本を取り上げて、次にはぱらぱらとページをめくります。でもまだ何も読んでいません。そして「はじめに」や「プロローグ」から読み始めます。まさに序論です。

　序論を読んで本論を読みたくなると、カウンターの店員さんを気にしながら本論を読み始めます。どこかで内容に退屈したりあるいはついていけなくなったりすると、もうそれで終わりです。

　逆にもっとゆっくり丁寧に読みたいと思えば、ついにその本を購入することでしょう。本の後半部分はどうでもいいと言ってもいい、前半が、とくに序論が大切なのです。

立ち読み客と勝負する

10 序論には個人的なメッセージをこめる

　序論には、個人的なメッセージや見解を書くのがいいと思います。卒業論文であれば、なぜ「自分」はこの卒業研究をするに至ったのかを書きます。子どものころの体験が原点かもしれない、あるいは世のなかの役に立とうと思ったことがきっかけかもしれない、研究室に入ってみてこのテーマが面白そうだったから、著名な論文を読んでまねをしたくなったから、それを超えることをしたくなったから、研究分野でまだ実現できていないことをやって

みたいと思ったから、などなど。**ほかの人と違う個人的な研究動機（メッセージ）を書いてください。**

　先生に決められたテーマだったとしても、研究をするうちに自分なりに感じたことがあるはずです。たとえ同じテーマが複数の学生に与えられて、皆で同じ結果を得たとしても、序論だけは人によって違うはずです。ほかの人とは違うあなただけの序論でなくてはなりません。人によって、こだわりが違うはずです。歴史か現状か未来か、原理か結果か、疑問か興味か、それぞれにこだわりの対象が違うはずです。

例題3　「個人的なメッセージを込める」──推薦書を例として（添削例）

　論文ではありませんが、学生が奨学金を受け取るための推薦文を個人的なメッセージの込め方の例題として取り上げます。

　学生が奨学金を申請するときや就職をするときに、私は学生に、自ら自分の推薦文を書く練習をしてもらいます。これは彼らが自己アピールをするよい練習になります。残念ながら、最初から魅力ある自己宣伝をできる人はあまりいません。ほとんどの人は自分を「真面目である、努力家である、優秀である、協調性がある」などと書きます。私は「くだらない」と言って突き返します。それらは誰にでも使える文章だからです。推薦状には、ほかの人では使えないその人だけの個人的な経験や経歴、メッセージが必要です。

　たとえば「私は大学院生のときにドイツの会社で4か月の間イン

ターンとして働きました」とか、「フィリピン大学に7か月留学をして、とても苦労しました」とか、「私は中国の大学で学位をとりました」などです（これは私の研究室の学生さんの本当の経験です）。「毎日演奏しています。サックス担当です」「ヘビメタのボーカルです」「水泳部出身で、フィットネスクラブのインストラクターをしています」なんてメッセージも、とてもいいですね（これも河田研究室の学生さんの本当の話です）。

　ほかの人にない経験や技能は、奨学金や就職において明らかに有利ですし、審査員や人事担当者はあなたの推薦文を、興味を持って読んでくれるはずです。「個性」とは、持って生まれたものだけではなく、自分自身の努力と与えられた環境から後天的に作り上げることもできるのです。

　「アメリカ生まれの帰国子女です」というだけで、面接官はあなたに興味を持つことでしょう。自分の努力ではなく、先天的ではなくても、あなたの個性です。これらは、論文の序論で読者のこころを掴んで続きを読んでもらうことにもつながります。

　まず、学生さんが最初に提出したものを読んでみてください。

・自身で書いた自分の推薦状（最初に提出されたもの）

　A君は、物理学、生物学、非線形数学といった多岐の研究分野にまたがる困難な研究課題に粘り強く精力的に取り組んできた。研究の難しさゆえにこれまで多くの問題に直面してきたが、人一倍の努力によってこれらを乗り越えて研究成果を挙げてきた。とくに、フェムト秒レーザーを用いて心筋細胞の拍動を制御するという大胆な発想を見事に実現し、そのメカニズムの理解に挑戦し続けてきた。その

研究成果は、学会発表と修士論文発表会で非常に高く評価され、多くの研究者の関心を集めた。とくに、修士論文発表会では、聴衆を魅了する非常に優れた発表を行い、修士課程2年間の努力の成果を証明した。また、常に向上心と好奇心を持って研究に取り組む姿勢は、他の学生の模範となるものであり、研究室全体の刺激となり、研究活動の活性化につながっている。授業においては、他専攻の科目を多く受講し、幅広い研究分野に強い興味を抱いていることがうかがえる。

どうでしょう。

「研究課題に粘り強く精力的に取り組んできた」「人一倍の努力」「大胆な発想を見事に実現し」「非常に優れた発表を行い」「常に向上心と好奇心を持って研究に取り組む姿勢」……。

自慢話の連続ですね。ちょっと虫唾が走る？ しかしこれらの文章は誰にでも使えます。A君にはもっと自分だけの経験を入れるようにアドバイスして、再度提出してもらうことにしました。

・自身で書いた自分の推薦状（再提出版）

A君は、フェムト秒レーザーを用いて心筋細胞の拍動を制御するという発想を実現し、そのメカニズムの理解に取り組んできた。物理学、生物学、非線形数学といった多岐にわたる学問分野を勉強し、着実に成果を挙げてきた。その成果は、学会発表では講演会総評に取り上げられ、彼の研究に対する研究者たちの関心がうかがえる。修士論文発表会におけるA君の発表は、研究内容、プレゼンテーション技術、発表態度、質疑応答のすべてにおいて教員らの好評価を得て、発表会中で一番であると認められた。授業でA君は、自専攻科目のみならず、他専攻科目も

受講し、優秀な成績を収めており、幅広い研究分野への興味がうかがえる。今春からは、博士後期課程に進学して研究を続ける。進学後には４か月間の海外インターンシップに取り組む。海外インターンシップや博士後期課程３年間での研究、経験を通して、広い視野で物事を捉える能力を磨き、Ａ君が世界で活躍できる研究者へと成長すると期待している。

どうですか？まだダメですね。個人的なことを書くと言っても感情をあらわにアピールするのではなく、事実を淡々と書きましょう。まだ修正が必要です。今度は私が修正を加えました。最低限の修正です。

・添削例

　Ａ君は、フェムト秒レーザーを用いて心筋細胞の拍動を制御し、心筋細胞のメカニズムに関する研究を行った。学際的なテーマであるので、レーザー物理のみならず、非線形数学、細胞生物学を勉強した。その成果発表は、学会での講演会総評に取り上げられた。また、修士論文発表会では発表者のなかで１位の評価を得た。授業では上記の学際的研究テーマを行うために、他専攻科目も受講し、それらについても好成績で単位を取得している。博士後期課程進学後にドイツでの４か月間の企業インターンシップに応募している。海外インターンシップや博士後期課程３年間での学際的な研究と経験を通して、広い視野で物事を捉える能力を磨き、世界で活躍できる研究者へと成長することが期待されている。

　いかがでしょう。この学生は他の学生とどこが違うかを具体的な事実でもって説明することによって、推薦状の読み手に興味を持ってもらい、評価判断をしてもらいやすくなったかと思います。

コラム6
大学教授がベンチャービジネスをやる理由

　以前、ある集まりで、大学発ベンチャービジネスについての講演を頼まれました。私が会社を興したからです。
　この会社の製品は、レーザーを使ってラマン散乱という光を検出してナノ材料を観察する顕微鏡です。ラマン散乱という物理や開発した顕微鏡の原理の話をしても、この会社の開発の様子や会社の現状について話をしても、誰も聞いてくれないだろうと考えました。
　大学発ベンチャーについての話が聞きたいといったときに、聞き手がもっとも興味があるのは、その会社がどんな会社かということより、「なぜ大学の人間が会社を始めたのか」ということだと思います。いま、大学発ベンチャーという言葉だけがひとり歩きしています。世のなかの人は、なぜ私が大学発ベンチャーを始めたのかを知らないだろうと考えました。わざわざ大学人が会社なんかやらなくてもいいはずです。会社ビジネスに興味のある人は元々会社に勤めているはずで、大学で授業などしていないはずです。それなのに、どうして大学教授が会社を始めたのでしょうか。それが一番聴きたいことではないかと考えました。
　そこで、私は序論を「会社を始めた理由」と題して、大学教授は教育と研究に専念するべきであり、そのことが楽しいはずだということ、それなのになぜ私は会社を興したのか、個人的な理由から話を始めました。最初のコラムに書いた、スティーブ・ジョブズの卒業式のスピー

チの構成に似ていますね。イントロダクションは、聴衆の気持ちに立ってストーリーを語り始めましょう。

　創業して10年も経つと、皆さんの私の会社に対する興味も変わってきます。最近ではタイトルを「大学教授が起業して儲ける」として話しています。教授が「儲ける」というと目くじらを立てる人も多いと思いますが、そういう人たちはそもそも大学発ベンチャーに興味がなく講演を聴きには来ません。大学発ベンチャーに興味のある人たちがこの刺激的なタイトルに惹かれて講演を聴きに来られます。

　果たして「儲ける」ということはよくないことでしょうか？　「儲かる」ということは開発した製品が売れるということです。売れるということは、世のなかの人たちが求める製品を作ったということです。すなわち、世のなかの人たちに役立っているのです。儲かれば税金を払います。人も雇用します。NPO法人よりも株式会社のほうが、より社会に貢献しているのです。

11　サマリーは要らない

　序論には、本論のまとめ（サマリー）を書かないことを勧めます。第1章では○○について、第2章では□□を……、といったまとめは不要です。まだ読んでもいないのに、その論文のまとめを理

解できるはずがありません。映画でも小説でも、はじめに「まとめ」は出てきません。**内容は読んでのお楽しみ、見てのお楽しみです。先にネタばらしをする必要はありません。序論に、まとめ（サマリー）は書かないようにしましょう。**また、論文の最後の「まとめ（サマリー）」も不要です。最後にまとめが出てくる映画も小説もありません。冗長です。

　本文を読まない人へ向けてまとめが必要なら、概要（アブストラクト）として別に書くのがいいでしょう（たとえば Web サイトでの内容紹介など）。学位論文や学術論文でも、アブストラクトが求められます。映画でいうなら「予告」です。これも本文を読みたくなるように書きましょう（「予告」の書き方については、中級編で例題を示します。p.145～147）。

12　ストーリーの作り方：起承転結は間違い

　本文もまた、何行目まで読者に読んでもらえるかの闘いです。話があっちに行ったりこっちに行ったりしては、読者はついてきてくれません。**ストーリーは、ねじれたり、散漫にならないようにしなければなりません。これは難しいことではありません。奇をてらったどんでん返しは要らないのです。**ミステリー小説のような工

夫は無用です。話は、前へ前へと進めていくだけでいいのです。

　その意味から、**起承転結は、科学論文では禁じ手のストーリーです。**「起」はイントロダクションで「承」はメインのストーリー、ここまではいい。その次に話題が「転」じます。そしてこの「転」以降が、本当に伝えたいメッセージなのです。ということは、それまでの話は不要であったということになります。これはきわめて危険です。読者が「転」より前で読むのをやめると、著者のメッセージは間違って伝わります。読者は最初から読み始めますが、最後までは読むとはかぎらないのです。

　「ところで」とか「さて」といって話題を転換するのも、よくありません。これらの接続詞は、まさに「転」を意味します。論文のなかで「ところで」「さて」が出てきたら、失敗です。もう一度最初からストーリーを書き直しましょう。これらの接続詞は、科学論文では禁止用語です。**英語論文において「by the way」が出てくることは決してありません。**

　このように順序をひっくり返さずに重要なことから書いていく考え方を、物理学者の木下是雄さんは『理科系の作文技術』（中央公論新社、1981年）と『レポートの組み立て方』（筑摩書房、1990年）で「重点先行主義」とよんでいます。

　重点先行主義とは、読んで字のごとく、大事なことを先に書くことです。大事なこと・言いたいことがあとのほうで出てくるようだと、途中で読むのをやめてしまった読者には本意が間違って

伝わります。**論文は大事なことから書くのが原則です。**

　文章全体で大事なことを前に持ってくることはもちろん、1つのセンテンス（文）、1つのパラグラフ（段落）のなかでも大事なことを先に書きます。

　　i 「今日、私は学校へ行った」
　　ii 「私は、今日学校へ行った」
　　iii 「学校へ、私は今日行った」

　これらの文章は、伝えたいことの重要度が互いに異なります。今日行ったことを伝えたいのか、ほかの人ではなく私が行ったことに意味があるのか、行った先が学校であったことがメッセージなのか、順序によって異なります。短い文章でも、順序が大切です。英語でも同じです。

　　i 「Figure 1 shows the relationship between energy and momentum」
　　ii 「The relationship between energy and momentum is shown in Fig.1」

　では、意味が異なります。

「受動態」にするか「能動態」にするかは気分で決めるものではなく、何が重要かで決まります。

　図 1 を見てほしいときには Figure 1 から始まり、関係が重要なときは relationship が先にきます。「I love her !」と「She is loved by me !」では、ニュアンスが異なります。「I love her !」は私の勝手な思いですが、「She is ……」は、彼女が幸せな雰囲気を持ちます。どちらが主語かで意図することは異なります。「何度も能動態の文章が続いたから、一度受動態の文章を入れてみよう」といった発想をしてはいけません。あくまで「科学」的にいきましょう。

　自分にとって大事なことから順に書くのではなく、相手にとって興味を持ってもらえる順に書きましょう。1 行でも相手にとってつまらない文章があれば、読者はそこで読むのをやめてしまいます。途中で話についていけなくなれば、それで終わりです。これは講演でも映画でも小説でも同じです。

13　タイトルのつけ方：英語と日本語は順序を同じに

　タイトルにも順序があります。**最も伝えたいことをタイトルのなかで最初に持ってきてください。**たとえば、金属とナノ構造とレー

ザー装置に関する論文を書くとして、そのタイトルを
　「金属のナノ構造からなるレーザー・デバイスの開発」
としたとします。ここで一番重要なキーワードは、「金属」です。この論文においては金属よりもレーザーが重要なメッセージであるなら、
　「レーザー・デバイスのための金属ナノ構造の開発」
となります。ナノ構造であることが論文のポイントであるなら、
　「ナノ構造からなる金属を用いたレーザー・デバイスの開発」
となります。

タイトルにおいても単語の順序は大切です。伝えたい単語を先に持ってきます。 ここで、もっとも重要ではないのは「開発」です。開発は具体的ではなく、科学や装置や理論など、何でも開発です。「開発」だけでは意味がなく、「金属」とか「レーザー」に具体性があり、読者が興味を持ちます。

　論文の始まりは「序論」からですが、その前に「タイトル」があります。論文でもっとも大切なのは、タイトルです。書店で本を手にするときに、最初に目に触れるのは「タイトル」です。

　英文で論文を書いたときに、そのタイトルは日本語タイトルの直訳にはなりません。 先ほどの「金属のナノ構造からなるレーザー・デバイスの開発」を単純に英訳すると、
　「Development of a laser device with metallic nanostructures」

となります。しかし、これでは「Development」が重要だと捉えられてしまいます。重要なことを最初に持ってくるのは、日本語、英語でも共通です。英文にするときは、

「Metallic nano-structures for laser device」

とします。

金属の　ナノ構造からなる　レーザー・デバイスの　開発

↓　　　　　↓　　　　　　↓

Metallic nano-structures for laser device

単語の順序が日本語タイトルと同じです。もし、どうしても開発という言葉を加えたければ、

「Metallic nano-structures for laser device: the development」

として、「：」（コロン）を使います。

英語も日本語も順序が同じだ！

14 論文は箪笥ではなく、数珠つなぎ

　理系の学生や研究者が書く論文は、しばしば整理箪笥のような構成になります。書きたい個別の内容が、別々の引き出しに入っていて、全体としてマトリックス（行列）になるのです。

　先ほどの「金属のナノ構造によるレーザー・デバイスの開発」の例だと、上から2段目には左から右へとそれぞれの引き出しに金、銀、銅、アルミと異なる金属についての説明（原子番号や色や固さや重さなど）が納められています。次の段には「ナノ構造」について、それぞれの引き出しに構造の形（球、殻、筒、四角錐など）や大きさ（1ナノメーター、10ナノメーター、100ナノメーターなど）と、それぞれにおける固有の作製方法や機能の違いについて、入っています。

　序論は最上段の引き出しに相当します。そこにはこの分野の研究の歴史や産業界におけるニーズ、他のレーザー技術での研究、他の材料研究などがそれぞれの引き出しに入っています。

　このような**箪笥型の構成は、論文としては成り立ちません**。箪笥とは、ものを片付けておく場所であり、いますぐには使わないものが入っている場所です。「箪笥にしまっておく」は「当面使わない」という意味です。**いま使うものだけをストーリーに載せましょう**。各段からひとつの引き出しだけ選んで上から下へ流れを作ってください。

　論文とは物語です。読者は論文という川の流れに乗って進んで

いく舟のようなものです。読者が箪笥の引き出しを開けるように論文を読み始めたら、それは探しているもの（読みたいこと）が見つからない証拠です。

　論文は商品カタログではなく、研究者、発表者の個性あふれるメッセージ・ソングです。同じテーマであってもメッセージの受け手は同業の研究者やライバルであったり、指導教授であったり研究室の同級生であったり、異なります。メッセージのない論文は箪笥にしまわれたまま使わない夏服、冬服、下着……です。そのなかから、お気に入りの下着を１枚取り出して、次にその上に着るシャツやズボンを取り出し、靴下、セーターと、今日のお出

箪笥にはそれぞれ違うアイテムが整理されて片づけてある。これをそれぞれ順に書いてはストーリーにはならない。メインストーリーは、各行からあるいは各列からひとつずつ選んでラインにする。

　　　　　　探しもの（読ませたいこと）はどこ？

かけの服装を選びます。これが論文のストーリーです。順序があって、流れがあって、メッセージがあります。今日のファッションはシックにまとめるかカジュアルにいくかで、色は黒かパステルかに決まります。

論文は、カタログでも筆筒でもなく、あえて言うなら数珠つなぎのイメージです。1つでも玉が外れていたら(話が飛んでいたら)ストーリーは伝わりません。話がぐるぐると回って同じところに戻るなら、数珠はもつれてしまいます。解きほぐして、一列に数珠玉（ネタ）がつながるようにしなくてはなりません。

論文のストーリーを作ったあと、どこかでちぎれていないか、もつれて結び目ができていないか、時間をかけて何度も直していきます。ときには友達に読んでもらってほどいていく必要があるでしょう。

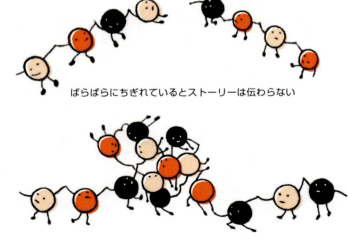

ばらばらにちぎれているとストーリーは伝わらない

数珠がもつれるとストーリーは伝わらない

15 関係代名詞は禁止：
速読は主語と述語だけを読む

　日本人は関係代名詞が大好きですが、英語の論文や文章にはほとんど関係代名詞が出てこないことに気づいていますか？

　日本語の文章を英語に直訳すると、関係代名詞がたくさん必要になります。でも、これは日本語の文章が整理されていないからです。

　よい論文の文章には、関係代名詞や接続詞が出てきません。関係代名詞はストーリーに横路（枝）を作ります。関係代名詞とは、文章のねじれの結び目です。**関係代名詞はできるかぎり使わないように、1つの文章のなかに2つ以上のメッセージを書かないようにしましょう。**

　かぎられた時間にたくさんの論文を読む教授たちは、主語と述語だけしか読みません。和文でも英文でも共通です。主語、述語以外はすべてとばして読むのです。たとえば、

　「みんながすっかり車に興味をなくしてしまった今日の日本では、乗る車はどこのメーカーの車でもかまわず、人々は一番台数多く売っているトヨタの車を買う」

　という文章では、「みんな、車を買う」と読みます。「みんなが車に興味をなくしてしまった」とか「どんなメーカーの車でもかまわなくて」という部分は読みとばされてしまいます。この部分

を読みとばして、主語と述語だけを読むと、日本では、みんな車が大好きだから車を買うと理解されてしまいかねません。「みんな、トヨタの車を買う」とまで読んだとしても、トヨタ車が好きだからトヨタ車を買うのだと誤解するかもしれません。

　文章はできるだけシンプルにして、関係代名詞は極力使わないようにしましょう。関係代名詞は数珠をもつれさせて、論文の構成を複雑にします。言いたいメッセージが関係代名詞でつないだ枝葉にあると、そのメッセージは読みとばされます。

　主語と述語だけでストーリーが続くようにしてください。

　先の文章は、以下のようにしましょう。

　「日本では、みんながすっかり車に興味をなくしてしまった。どこのメーカーの車でもかまわない、と考えている。そして、トヨタの車を買う。トヨタが一番多くの台数を売っているからである」

速読は主語と述語だけ読む

16　形容詞・副詞は使わない：世界一・世界初もダメ

　関係代名詞に加えて、**形容詞や副詞もできるだけ使わないようにしましょう。**「非常に」とか「たくさん」「大きな」「小さな」「いくらかの」「いくつかの」「とても」「多い」「少ない」「すごい」「安い」「高い」などは、完全に禁句です。英語でも「very」「many」「large」「small」「some」「extremely」は使ってはいけません。**人によってどれくらいが大きいか、どのぐらいすごいかの捉え方が異なり、不正確です。できるかぎり具体的な数値を示してください。**

　論文タイトルに「novel」とか「new」、日本語だと「新しい」という形容詞が出てくる論文もダメ論文です。論文は「新しい」成果を書くのはあたりまえであり、古いアイディアや古い結果など載せる人はいません。

　「世界一」とか「世界で最高」「世界で初めて」と書きたがる研究者がいます。これも原則的にはダメです。世界で初めてかどうかの実証は、とても難しく、世界中の人に聞いてまわらなければわかりません。100年前にすでにどこか遠くの国で誰かが発表していたかもしれません。つい昨日に、世界のどこかで誰かが同じアイディアや結果を得たかもしれません。世界一・世界初を証明することは簡単ではありません。ただし、発表してから何年かが過ぎて多くの研究が始まった後で、どの発表が世界で初めてだったというのはかまいません。

コラム7
世界に3人

　私が1992年に発案した近接場光学顕微鏡（金属針の先端を走査することによってナノを見る光学顕微鏡）は、それまでの発想とまったく異なる原理からなり、私は自信を持って世界最初だと思いました。1992年に特許を出し、1993年に近接場国際会議に発表の投稿をしました。ところが国際会議のプログラムが事前に届いたとき、そのなかに私は自分の発表とほとんど同じタイトルの論文があることに気づきました。フランス人でまったく面識のない人の論文です。

　私は、たとえどんなに新規な優れた研究成果でも、世界中のどこかに必ず私と同時に同じ発想と同じ成果に辿り着いた人が3人はいる、と信じています。

　幸い、私は国際会議発表前に学術誌に論文を投稿していたので、論文発表としては私が先んじることができましたが、ふたりはまったく独立に同じアイディアを得て、実験に成功していたのでした。さらにこのふたりの発表から少しだけ遅れて（しかし同じ年に）、アメリカの研究者が同じ内容の論文を学術誌に投稿しました。彼は査読者に私の論文がすでに出版されていることを指摘されて、論文は大幅な修正を求められました。もちろん、彼が私の論文を盗作したのではなく、独立に同じアイディアに辿り着いたのです。アジア、ヨーロッパ、アメリカの遠く離れた場所でお互いに面識のない研究者が同じアイディアを得て、同じ結果を得ました。

くだらないアイディアや結果なら、同じことを思いつく人は3人どころかごまんといることでしょう。世界最初とはそれぐらい大変なことです。安易に言わないようにしましょう。
　私は大阪の自宅の玄関を出て埼玉県の理化学研究所の自分のオフィスの机に着くまでにかかる時間の世界記録を持っており、その記録をときどき塗り替えます。これは、世界一・世界初であると自信を持って言えます。私以外に私の家から私のオフィスまで通ってくる人は、ほかに誰もいないからです。
　世界一や世界初、世界最高を声高に言う人の研究は、こんな風にほかの人にとっては意味のない研究であることが多く、たいしたことはないのです。

コラム8
世界最小のウシ

　次ページの写真は、私が作った世界最小のレーザー造形物、ミクロのウシです。このウシはギネスブックに載っています。ギネスブックによって認定されたときは「世界最小」と言っていいでしょう。
　このウシは2光子光重合というナノ構造の作製方法を、私が発案してそれを実証したものです。100フェムト秒という非常に短い（10兆分の1秒）しかし1キロワットという非常に強いピークパワーの光パルスを発するレー

ザーを使い、集光角が90度に近い対物レンズで光スポットを光硬化性の樹脂（色素が低分子のなかに含まれている）のなかに照射して小さな領域を高分子化します。すなわち固めます。そして、このレーザービームを樹脂のなかで動かせて、ウシをかたどります。

　これまで学術誌でライバルの研究者たちが私たちの論文を引用してくれており、その引用件数が1,400件を超えています。その1,400の論文のなかで、私たち以前の発表の紹介がないので、そのことをもって、いまのところ私たちの発明が世界最初と言ってもいいかなと思います。

「世界最小」のウシとギネスブックの記載

17　枝葉末節：「さて」「ところで」はダメ

　たくさんいろんなことを言いたいのに、ストーリーを1本の数珠につないでまとめることは、容易ではありません。メインストーリーではないけれど言いたいことは、どのように話のなかに取り入れればいいのでしょうか。

　下の図で示すように、数珠のつなぎ目から枝葉に話がそれていくことはかまいません。そのときに、枝葉の先は途切れてしまいますが、つなぎ目に戻ってメインストーリーに復帰できます。

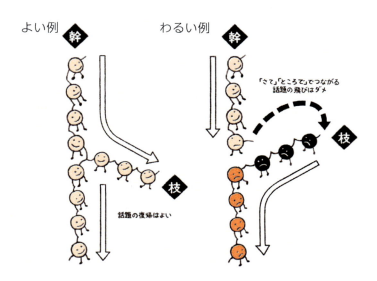

ストーリーの組み立て

このときに大切なことは、枝葉のストーリーの流れです。**メインストーリーが結び目にきたあと、枝葉の先端側から結び目に向けて話を進めてはいけません。結び目から先端に向かって話を進めてください。**幹から枝葉に話が外れても、先端まで行ったあとでもう一度結び目に戻るならば、それは話が戻ってきたのであって、読者はそれについていくことができるでしょう。

　一方、結び目からいきなり先端に飛ぶと、先端からはこれまでの流れと違ったストーリーが始まります。日本人はこのような構造の文章において、先端から書く傾向が非常に強いので、とくに注意が必要です。**先端に飛ぶということは話題が飛ぶことを意味し、「さて」とか「ところで」といった接続詞でつなぎます。英語では、「by the way」でしょうが、先に述べたように、英語の論文中にこれが出てくることはまずありません。**

　「さて」「ところで」は禁句です。

　仮に「さて」とか「ところで」という言葉が文中にあらわれなくとも、もしこれらの言葉でつなぐことができる文なら、ストーリーがジャンプしていることになります。

　「さて」という単語でつなぎたくなったときは、ストーリーの流れを逆にしてみましょう。「さて」と言っていいのは、「さて、話を戻して」というときだけです。これは、枝葉からメインストーリーの結び目に戻ってきたことを意味します。

　枝葉の流れが逆流することを、木下是雄さんは「逆茂木型」の

文章と説明されています（『理科系の作文技術』、中央公論新社、1981年）。日本人は抽象から具象へと話を進める傾向があり、異なる具象事象を重ねていって1つの抽象へと至るストーリーがうまく作れないようです。

　先の「金属のナノ構造からのレーザー発振」の例だと、金属とレーザーの2つがテーマとなり、金属とレーザーの両方の歴史を書きたくなります。メインストーリーは重要なほうのどちらかにしぼらなければなりません。**知っていることを全部話し出すと、ばらばらに話が入り組んでしまい、何が言いたいのかわからなくなってしまいます。流れは1本にしなければなりません。**

18　採択される投稿論文：ネガティブ・モーティベイションの禁止

　「これまで発表された近接場光を用いた顕微鏡は装置が大きく、部品コストも高かったが、我々は低コストでコンパクトな装置の開発を実現した」

　と、いうようなストーリーの論文は、まず採択されません。

　これまでの他人の実績を批判して、自分の仕事を正当化しようとしているからです。論文投稿や発表は新しい話をするべきであって、**過去の批判、人の批判から研究のストーリーを書いてはいけま**

せん。人の研究を批判しなければ自分の研究をアピールできないような研究は、オリジナリティの低い研究です。

　上の例で装置が大きいことがよくないことと思っているのは、自分だけかも知れません。ほかの人にとっては大きさなどどうでもよいことかもしれません。コストについても、高いことがいけないことだとは思っていないかもしれません。**引き合いに出した研究をダメだと思っているのは自分だけかもしれないのです。**

　小さくて安い装置を開発したことを発表する場合は、

「狭い研究室でも使える小さな装置を開発した。装置を小さくすることで、コストが安くなった」

と書きましょう。人の研究の批判ではなく、研究の動機はポジティブでありたいものです。

　論文の査読は、多くの学術誌では編集長が同じ研究分野のライバルの研究者に依頼します。これをピア・レビューと言います。あなたの論文はあなたのライバルが査読している可能性が高いのです。その人が、自分の研究を批判している論文を採択するでしょうか？

　論文は、ポジティブ・モーティベイションでいきましょう。

コラム 9
インパクト・ファクター

　最近、学術雑誌は、「インパクト・ファクター」とよばれる評価基準を重要視するようになってきました。インパクト・ファクターとは、その学術雑誌に発表された論文が、発表後1年から2年の間に別の論文に何回引用されたか、その回数の平均値です。『Nature』などに代表される商業誌は、出版社として売れ行きが大切ですからこの数字はとても重要です。一方、学会が発刊する学会誌は学会の会員間の情報交換が目的ですので、1、2年で掲載論文が他で引用されるかどうかは重要ではありません。ところが、最近ではすべての学術誌においてインパクト・ファクターが過度に大きな関心を得るようになっています。

　しかし、これは科学研究にとって好ましいことではありません。過去の多くの優れた研究は、ほかの人たちにはすぐにその重要性を理解されることはなく、すぐに流行るわけではありません。1年や2年でその研究を引用する論文が発表されることはありません。高いインパクト・ファクターを与える論文（1、2年に多くの引用件数がある論文）とは、すでに流行りの分野にあってなんらかの先行研究があってそして多くの人たちがすぐフォローできる研究です。

　編集者がインパクト・ファクターという評価を気にしすぎると、このような論文がより好まれてしまいます。そして、本当に新しい成果は雑誌には載らなくなりつつ

> あります。自然科学の分野では細胞、遺伝子とか地球、宇宙とか何百年も何万年も変わらないものが研究対象ですから、発明や発見は滅多に生まれません。皆が共通のテーマを追っているのですから、新しい発表に対して1、2年の間に多くの引用があっても当然です。しかし、応用科学や工学では研究対象は時代とともに変わり、常に多種多様です。だからこれらの分野ではとんでもない成果は、より多く生まれ得ます。それらは1、2年前の先行研究との比較は不要であることが多いと思います。
> 　学問分野に互いにこのような本質的な違いがあるのにもかかわらず、インパクト・ファクターという同じ基準を評価に使っていることは間違いだと思います。

19　拒絶されない特許の書き方

　学術論文とはまったく異なり、特許では他人の批判やかつての仕事に対する悪口は大いに結構です。ネガティブ・モーティベイションは歓迎なのです。学術論文と異なり、特許はとんでもなく新しいアイディアよりも、これまで知られている技術の細かな改良のほうが通ります。

　このような特許と論文の本質的な違いは、審査する人の違いにあります。すなわち「読者」が違うのです。論文を査読するのは

ライバルの研究者すなわち同業者ですが、特許を審査するのは、「審査官」という特許庁の公務員です。審査官はあなたのように研究をしている人ではなく、あなたの研究のライバルではありません。審判か行司のような人で、どちらが勝ちか負けか、セーフかアウ

論文はライバルが読むけれど特許は審査官が見る

トかを判定します。

　勝ち負けを決めるためには、あなたの特許に対する敵の論文や特許が必要です。「世界初」などと言われると、審査官は困ってしまいます。もしそういう特許が申請されたら、審査官は世界中のすべての歴史からなんとか仮想敵国（過去の発明）を探すことでしょう。しかし、無理に探し出す過去の発明はあなたの発明から相当に趣旨が違っているかもしれません。私の経験では、新しい顕微鏡の原理を発明したら、それと同様の発明が望遠鏡の発明のなかにあった、という理由で拒絶されたことがあります。あまりに新しい発明は、審査官を悩ませてしまいます。

　特許の審査官は、「新しいかどうか」という観点ではなく、「過去にあった発明と比べてどう違うか」という点を重視します。比較の対象を明確に示して、他人の発明を改良していることを主張することが特許を通すコツです。比較対象の発明（特許であることが多いが、論文でもいい）を、大いに批判してよいのです。ネガティブ・モーティベーションが特許を通すコツです。それは自分の過去の発明であってもかまいません。

　特許と論文、どちらも審査を経て採択されるものですが、読者がまったく違うことを意識してください。

20　目次の作り方

　学生実験レポートのような卒業論文の目次を見ることがあります。以下のごとく。

1　序論
2　理論
3　装置
4　実験
5　結果
6　考察

　これでは一体誰の論文なのか、テーマは何なのかまったくわかりません。誰の論文でもあり得る目次です。せっかくの大切な目次に、情報がないのです。あなただけの研究のメッセージがないのです。**目次はタイトルの次に大切です。あなたの論文には、あなただけの目次を作りましょう。見ただけであなたの研究や卒論に対する取り組み方や気持ちが読み取れるようなメッセージのある目次にしましょう。**

　エッセイの単行本や新書を買うときには、目次を見て、著者のストーリーとメッセージを読み取ろうとするでしょう。それと同

じです。目次を書き直してみましょう。たとえば、

1　細胞を生きたまま光で見る（←序論）
2　光の回折性：ナノは見えない（←理論）
3　回折限界を超える近接場顕微鏡（←装置）
4　細胞のナノ・イメージングの実験（←実験）
5　15ナノメートルの分解能（←結果）
6　1ナノメートルの分解能に向けての工夫（←考察）

　これなら、あなただけの研究論文です。読者に対するメッセージが読み取れます。目次を読むだけで、研究のストーリーも見えてきます。**ここでも数珠つなぎのルールは守ってください。**

21　目次項目の多層構造は禁止、章と節まで

　日本は縦割り横割り社会です。何でもすぐに線引きしたがります。講演会で質問を受けるときに、「私は生物屋で物理は素人なんですけれども」「私は文系で理系は苦手なのですが」などと言ってから質問に入られます。言い訳はみっともない。縦割り横割りは、自分と他人、内と外を定める発想です（自分は物理が得意ですが、

というセリフならかまわないと思います)。

論文のストーリーを縦割り横割りに刻んではいけません。論文は整理箪笥ではなく数珠つなぎです。これを実践するためには、論文に細かい節を作らないようにしましょう。

　4．理論
　　4．1．ベクトル解析
　　　4．1．1 ベーテの理論との関係
　　　　（1）矩形開口の場合

といったような多層構造をよく見ます。これは最悪です。整理箪笥構造になっています。流れが途切れすぎます。私は教科書を書くときでも、章と節以下には細分しません。ましてや**学位論文程度では章と節（4．1、4．2、4．3など）より細かく分けないようにしましょう**。それで初めてストーリーのある論文ができあがります。上の例は、以下のようにするのがいいでしょう。

　4．1　理論
　4．2　ベクトル解析
　4．3　ベーテの理論との関係
　4．4　矩形開口の場合

第 1 部　論文の科学

```
10
    3.4  積分範囲のずれについて ……………………………………… 49
    3.5  SSFT —— 瞬間的フーリエ変換法 …………………………… 52
    3.6  ウェーブレット変換とフーリエ変換との対応 ……………… 53
    3.7  ウエーブレット変換の実例 …………………………………… 56
    3.8  微分方程式の逆問題としての
         動的周波数解析法 MARS（移動自己回帰系）……………… 59

第 4 章　自己回帰モデルと最大エントロピー法 ………………………… 70
    4.1  FFT の限界を超える ………………………………………… 70
    4.2  自己回帰モデルによる波形の表現 …………………………… 72
    4.3  周波数と減衰定数の推定 ……………………………………… 77
    4.4  自己回帰モデルによるスペクトルの推定 …………………… 81
    4.5  入力適応型自己回帰モデルにる減衰振動波形の解析 ……… 89
    Appendix   z 変換 ……………………………………………………… 91

第 5 章　零値を用いた逆問題と 1 ビット A-D 変換 ……………………… 93
    5.1  多項式近似と整関数 —— 零値から波形は回復する ………… 93
    5.2  実零点からの信号の回復 —— 1 ビット A-D 変換 …………… 95
    5.3  複素根からの信号回復とヒルベルト変換 …………………… 97
    5.4  参照周期信号の重畳とヒルベルト変換による
         1 ビット A-D スペクトル回復の実施例 ……………………… 99
    5.5  デルタ・シグマ変調の原理 ………………………………… 105
    5.6  デルタ・シグマ変調の実際 ………………………………… 106
    5.7  ブラインド・デコンボリューションはゼロシート法 …… 108
    5.8  ゼロシート法の原理 —— ゼロシートとは？ ……………… 109
    5.9  ゼロシートの分離 …………………………………………… 111
    5.10 フーリエ変換による画像再構成 …………………………… 112
    5.11 ゼロシート法によるブラインド・デコンボリューションの実験 … 113

第 6 章　最小 2 乗法と多変量解析 ……………………………………… 120
    6.1  最小 2 乗法を使った直線フィッティング（近似）……… 120
```

私が書いた本の目次（多層構造になっていない）
（南茂夫監修，河田聡編著：科学計測のためのデータ処理入門、CQ 出版社、2002年）

例題4　学生の書いた目次の添削例

　ストーリーがわかる目次の書き方例を、学生の書いたものを添削しながら見ていきましょう。

（学生が書いたもの）
Chapter 1. The approaches for high-resolution optical imaging
　　1.1　Overview of the optical imaging methods
　　1.2　High-resolution imaging utilizing the nonlinear optical effects
　　1.3　Wide-field high-resolution imaging by structured illumination

（添削例）
Chapter 1. The approaches for high-resolution optical imaging
　　1.1　Spatial resolution in optical imaging methods
　　1.2　Nonlinear optical effects for resolution enhancement
　　1.3　Structured illumination microscopy for wide-field high-resolution imaging

　学生が書いたものでは、1.1〜1.3それぞれが別々の内容でつながりが読めません。resolution（動機）、non-linear（原理）、そして、structured illumination（手法）と、3つの流れを明確にしました。

（学生が書いたもの）
Chapter 2. Development of structured line illumination

Raman microscopy
   2.1 Raman microscopy for analytical imaging
   2.2 Image formation in structured line illumination Raman microscopy
   2.3 High-resolution Raman imaging

(添削例)
Chapter 2. Application to Raman imaging
   2.1 Raman microscopy as analytical imaging
   2.2 Development of SLI Raman microscopy
   2.3 Experimental results of SLI Raman microscopy

学生が書いたものでは、3つの節の関係がわかりません。原理、装置試作、実験という流れがわかるようにしました。

(学生が書いたもの)
Chapter 3. Structured spot illumination microscopy
   3.1 Structured spot illumination
   3.2 Image formation in structured spot illumination microscopy
   3.3 Imaging property of structured spot illumination microscopy

(添削例)
Chapter 3. Spot illumination for structured illumination microscopy

3.1 Thick fluorescent sample imaging by structured spot illumination
3.2 Two-photon structured spot illumination microscopy (SSIM): Image formation
3.3 Optical sectioning property: theory and calculations

学生が書いたものは、すべてに spot illumination という言葉があって、流れが読めません。目的、条件、解決する手段、効果、理論、という流れがわかるようにしました。

例題5　レポートの書き方

以下は、学部四年生が書いたレポートです。「自分の研究に関連する論文を、異なるテーマを研究している同級生に紹介せよ」という私の課題に対して、書かれたレポートです。

Gang Wei, et al. : Type I Collagen-Mediated Synthesis and Assembly of UV-Photoreduced Gold Nanoparticles and Their Application in Surface-Enhanced Raman Scattering, J. Phys. Chem. C., 111(5): 1976-1982, 2007.

　この論文では、金ナノ粒子の光還元においてコラーゲンを導入することで、金のナノ粒子の均一化、サイズコントロールに成功し、それらを凝集して生成した基板で表面増強ラマン散乱（SERS）が確

認できたことが報告されている。コラーゲンの自己集合性や正電荷化などの特異的性質により金ナノ粒子の均一化や基板生成が成されたのだが、私の卒業研究のテーマは生きた細胞内での金のナノ粒子を生成することであり、金ナノ粒子の生成において生体物質を使用しているこの論文は私の研究のための勉強になると思い、読むに至った。

　無機金属のナノ粒子は応用性が大きく、がん治療やSERSなどでの実用化において長年研究されている。SERSとは特定物質の効果でラマン散乱が増強される現象で、SERSによりラマン分光などにおいて効果的な結果が得られる。一般的に、表面の荒い金属のナノ粒子による基板などは著しいSERSを示すことが確認されている。また金属のナノ粒子を生成する方法の1つに光還元法がある。金属イオンの溶液中に特定の波長のレーザーを入射し、金属を還元させ粒子を生成するのであるが、その原理は未だ確立されていない。私個人としては1982年にKazue Kuriharaらが発表した塩化金酸（$HAuCl_4$)の光還元における電子移動の考え方がもっとも説得力があるように思う。論文中にも原理については一切触れられてないが、著者らは彼らが推測している原理について言及すべきであったのではないだろうか。

　この論文の目的は、コラーゲンの導入により金ナノ粒子の均一化およびサイズコントロールを図ること、金ナノ粒子のネットワークを構築すること、構築したネットワークのラマン分光における有用性を示すことが挙げられているが、いずれを主とするかは論文からは読み取れない。著者らは論文の構成を、主とする目的がわかりやすいようにするべきである。私見では、コラーゲンの導入により金ナノ粒子の均一化、サイズコントロールを操作することがこの論文でもっとも大事であるように思えた。

また実験で著者らはコラーゲンに加えて酢酸を溶媒に調合しているが、酢酸が金ナノ粒子の生成において重要な役割を果たしたとは述べているものの、なぜ酢酸を選択し、具体的にどのような役割を果たしたのかは言及していない。生きた細胞内では細胞内のpHを変えるわけにはいかず、細胞内で金ナノ粒子を生成するのに酢酸はおそらく使用できないが、その役割については是非調査したいところである。
　金のナノ粒子の生成に生体物質であるコラーゲンを用いることは私にとって大変興味深く、論文を読むにあたってのコラーゲンの性質の理解や光還元法についての学習は卒業研究のための大きな参考となった。

　さて、最初のパラグラフを見てみましょう。

　この論文では、金ナノ粒子の光還元においてコラーゲンを導入することで、金のナノ粒子の均一化、サイズコントロールに成功し、それらを凝集して生成した基板で表面増強ラマン散乱（SERS）が確認できたことが報告されている。コラーゲンの自己集合性や正電荷化などの特異的性質により金ナノ粒子の均一化や基板生成が成されたのだが、私の卒業研究のテーマは生きた細胞内での金のナノ粒子を生成することであり、金ナノ粒子の生成において生体物質を使用しているこの論文は私の研究のための勉強になると思い、読むに至った。

　まず、金ナノ粒子を光還元するという話題が出てきます。そこにコラーゲンを導入した、と続きます。そして、金ナノ粒子を均一化する、サイズをコントロールする、それに成功したと続き、さらに、凝集し、

生成し、表面増強し、確認できた、と文が続きます。

この一文には、「光還元する」「導入する」「均一化する」「コントロールする」「成功する」「凝集する」「生成する」「表面増強する」「確認する」「報告する」と、9つのアクション（動詞）が出てきています。

これは、読むのが大変です。1つの文（センテンス）には、主語と述語（動詞）は1つずつというのが原則だと説明しましたよね。教授が速読をする場合は、主語と述語だけを読みます。つまり、この文を教授が速読すると、「この論文では……報告されている」です。これでは、中身がありません。学生が伝えたいことは、「コラーゲンの導入によってサイズが均一化できる」ことや「表面増強ラマンが確認された」だったのに、主語と述語だけを読むと、それが落ちてしまいます。主語と述語にメッセージを入れるためには、これは複数のセンテンスにする必要があります。

次のセンテンスは「コラーゲンの自己集合性や正電荷化などの特異的性質により金ナノ粒子の均一化や基板生成が成されたのだが」と始まります。この文章は自分の研究分野のことを知らない同級生に紹介するものですから、「特異的性質により」と言われても何のことだかわかりません。「だが」も、何を否定しているのかわかりません。続いて同じセンテンスに「私の卒業研究のテーマは」という言葉が出てきます。ここで初めてこの学生がなぜこの論文を紹介したいと思ったかの理由が出てきます。序論には個人的なメッセージや見解を書くべきです。この学生はこの内容を最初に述べるべきでした。

次のパラグラフは、少し内容に踏み込んでみます。

無機金属のナノ粒子は応用性が大きく、がん治療やSERSなどで

の実用化において長年研究されている。SERSとは特定物質の効果でラマン散乱が増強される現象で、SERSによりラマン分光などにおいて効果的な結果が得られる。一般的に、表面の荒い金属のナノ粒子による基板などは著しいSERSを示すことが確認されている。また金属のナノ粒子を生成する方法の1つに光還元法がある。金属イオンの溶液中に特定の波長のレーザーを入射し、金属を還元させ粒子を生成するのであるが、その原理は未だ確立されていない。私個人としては1982年にKazue Kuriharaらが発表した塩化金酸（$HAuCl_4$）の光還元における電子移動の考え方がもっとも説得力があるように思う。論文中にも原理については一切触れられてないが、著者らは彼らが推測している原理について言及すべきであったのではないだろうか。

　最初に「**無機金属**」と出てきます。なぜここでいきなり無機金属の話が出てくるのでしょうか？　前のパラグラフでは金ナノ粒子の話をしていたのであって、金はもちろん無機金属です。ここの「**無機金属**」は、金のことなのか、金以外の金属なのかわかりません。おそらく、「金に代表される無機金属」と言いたいのでしょう。突然の新しい単語は、読む人を混乱させます。数珠がつながらず、話題が飛んでしまっています。金という単語で数珠をつなげる必要があります。

　続いて「**応用性が大きく**」とありますが、何への応用性かが説明されていないため、意味をなしません。これも、数珠がつながっていないところから話が始まっているから、わからないのです。

　「**実用化において長年研究されている**」という文も、わかりませんねぇ。ここで、述語は「**研究されている**」です。述語が「**実用化した**」ならはっきりするのですが。金ナノ粒子はがん治療に実用化されたのでしょうか、されていないのでしょうか？　長年研究されている

ということは、多分、実用化されていないのでしょうね。

　次のセンテンスには、最初のパラグラフに出てきたSERSの説明がようやく出てきます。説明をここでするのであれば、それ以前の離れた位置でSERSという言葉を出す必要はありません。同級生向けのレポートで同級生が知らない専門用語を説明なしで使っても、理解されないからです。

　それにしても、このセンテンスでのSERSの説明も、まったく説明になっていません。「特定物質の効果」とは、どんな物質のどんな効果なのでしょうか？　「ラマン分光などにおいて効果的」の「など」はラマン分光以外の何を指すのでしょうか？　「効果的」とは、どんな効果があるのでしょうか？　話題にするかぎりは、同級生がわかるように説明をしてください。具体的であることが大切です。

　これに続く「一般的に」という表現も不適切です。誰にとって一般的なのか？　一般でない特殊な場合はどうなるでしょうか？　同じ分野の研究をしている人にとって仮に一般的なことであっても、専門外の人には特殊なことかもしれません。科学技術を述べる際には、「一般的」という形容詞は禁止です。

　この文章は、読み手を意識・イメージしていません。「ことが確認されている」も混乱を招きます。「SERSを示す」ではなく「SERSを示すことが確認されている」と言うことは、間違って確認されているのかしら？　誰によって確認されているのかしら？　「SERSを示す」という言葉の意味も読者はわからないでしょう。

　次のセンテンス、最初の「また」は、何が「また」なのでしょう。「また」とは「再び」あるいは「同じく」を意味する接続詞あるいは副詞です。前の文では金属のナノ粒子の生成法については述べられていないのですから、「また」は使えません。要らない言葉はできるだけ書かな

いようにしてください。

　このレポートの大きな問題は、サマリーのなかにさらにサマリーを書いていることです。文章全体がサマリーなのですから、最初のセンテンスはなくても話が通じます。もっとも要らないものを最初に持ってきたことになります。木下先生の重点先行主義に反します。自分がもっとも何を伝えたいのか、何が問題なのかを最初に書きましょう。

　次の2つのパラグラフはちょっといい感じです。

　この論文の目的は、コラーゲンの導入により金ナノ粒子の均一化およびサイズコントロールを図ること、金ナノ粒子のネットワークを構築すること、構築したネットワークのラマン分光における有用性を示すことが挙げられているが、いずれを主とするかは論文からは読み取れない。著者らは論文の構成を、主とする目的がわかりやすいようにするべきである。私見では、コラーゲンの導入により金ナノ粒子の均一化、サイズコントロールを操作することがこの論文でもっとも大事であるように思えた。
　金のナノ粒子の生成に生体物質であるコラーゲンを用いることは私にとって大変興味深く、論文を読むにあたってのコラーゲンの性質の理解や光還元法についての学習は卒業研究のための大きな参考となった。

　この学生はこの論文が「いずれを主とするかは論文からは読み取れない」と述べています。ここに自分のメッセージがあります。そして「著者らは論文の構成を、主とする目的がわかりやすいようにするべきである」と書いています。わかってるんじゃない！

そして最後。「**論文を読むにあたってのコラーゲンの性質の理解や光還元法についての学習は卒業研究のための大きな参考となった**」

よかった。役に立ったのだ。気持ちが伝わります。ただし、**「論文を読むにあたっての……学習」** が参考となったということは、論文は役に立たなかったけれど、論文を読むために事前に行った学習が役に立ったことでしょうか？ そうです。論文を読むことが役に立つのではなく、論文を読むことをきっかけとして自分で学習することが大切なのです。レポートの書き方には未熟さが見られますが、このレポートには書いた人のメッセージがあり、いいレポートだと思います。ただ、最後まで教授が辛抱して読んでくれればの話ですが……。

このレポートを、別の人が書き直してくれました。原論文を読まずに、このレポートだけを見ての書き直しですから科学的に正しいかどうかは保証のかぎりでありません。

読んでみましょう。

私は卒業研究で、生きた細胞のなかで金のナノ粒子を生成しようとしています。この卒論のテーマに関連する論文を、探しました。見つけたのはとても興味深い論文でした。金ナノ粒子の生成に、生体物質（コラーゲン）を使っているのです。

著者 Wei らは、(1) コラーゲンによって金ナノ粒子のサイズを制御して、たくさんの粒子の大きさを揃えました。そして、(2) 金ナノ粒子でもってネットワークを基板上に構築しました。そして、(3) 構築したネットワークが、表面ラマン散乱光をより増感し、その信号を高感度検出しました。

私には、それらのどれが著者のもっとも伝えたいことなのかが読み取れませんでした。Wei らは研究の目的が読者に伝わるように、書

いて欲しかったと思います。私には、（1）のナノ粒子の作り方がこの論文でもっとも大事な点だと思いました。

　論文によれば、金属イオンを含む溶液に光を照射すると金のナノ粒子が還元されます。Weiらは、コラーゲンに加えて酢酸を溶媒に調合しました。なぜ酢酸を用いたのか、コラーゲンと酢酸が具体的にどのような役割を果たしたのかについては言及していません。私は光還元法の原理について知りたかったのですが、論文では光還元の原理についてはまったく触れていませんでした。原理の推測にも言及してほしかったです。特定の波長のレーザーを入射するようですが、その原理は未だ確立されていないように思います。

　私は、塩化金酸（$HAuCl_4$）の光還元における電子移動から原理を推測した別の論文を見つけました。それは1982年にKuriharaらによって発表されました。この論文に出てくる推測が、私にとっては光還元法の原理を考える上で説得力がありました。KuriharaらとWeiらの考え方とを比較できなかったのが残念です。

　この論文を読んで、金ナノ粒子生成における酢酸の役割について調べてみたいと思いました。生きた細胞内では、細胞内のpHを変えることはできません。そのため、私は、細胞内での金ナノ粒子生成に酢酸は使えないのではないかと思っています。金ナノ粒子の生成にコラーゲンを用いていることも、大変興味深かったです。

　私はこの論文を理解するために、コラーゲンの性質、光還元法についてほかの文献も調べました。このことは、卒業研究を進めるにあたってとても役に立ちました。

第2部

プレゼンの科学
―聴衆のために聴衆に話す―

1 誰に話すのか？

プレゼンの準備においてもっとも意識するべきことは「誰に話すのか」です。話す相手を第一に考えて準備をしましょう。同じ内容でも、相手によって訴えたいポイントが異なります。話し方や話の進め方も違ってきます。

いつも議論している研究室で行うグループミーティングでのプレゼンでは、皆があなたの研究内容をよく知っていますから、長いイントロダクションの必要はなく、自分の学んだことを単刀直入にかつ具体的に話します。一方、分野の違う知人の前で話すときには（親戚の集まり、同窓会、コンパなどでそんな場面があるかもしれません）、あなたの専門分野の大切さやその面白さなどを説明することが一番大切です。まずはあなたの研究分野に興味を持ってもらえるように、準備をしましょう。

卒論発表や研究室でのゼミ発表では、自分よりも専門の先生や先輩がいるのですから、いかに自分が勉強をしたか、いかにいい結果が出て自分が満足しているか（あるいはいい結果が出なくて悩んでいるのか）、自分の研究に対する熱意や興味などが相手に伝わるように準備をします。学会発表では、同じ分野のライバルの研究者が聴いています。そこでは自分の研究がいかに優れているかを、相手にアピールしてください。

プレゼンの準備にあたっては、誰があなたの聴衆（相手）であるかを明確に意識して、発表内容と発表スタイルを決めましょう。

誰に話すのか

2　初めての学会発表：プログラムを解読する

　専門家が集まっている学会で発表することは、誰でも大変緊張するものです。聴衆はあなたの知らない人ばかりです。どんなイントロダクションがよいのか、どの程度詳しく内容を説明するべきなのか、見当もつきません。聴衆はあなたの発表に興味があって来るのか、あなたの前後の講演に興味があって来るのかもわかりません。それなのに、ストーリーを作れと言われても難しいでしょう。

　学会での発表のストーリーを決めるためには、事前にプログラムを徹底研究しましょう。まずは、あなたの講演のセッションのほかの講演者について調べます。ほかの人の講演内容があなたの講演と近い内容ならば、聴衆はあなたの研究のテーマをよく知っていると思っていいでしょう。ストーリーはいきなり詳細に入っていくのがいいでしょう。冗長なイントロはみんなを退屈させてしまいます。もし、セッションのメインテーマとあなたの講演内容が離れているか、セッションの各講演のテーマがばらばらなら、最初にあなたの研究の意義を丁寧に話す必要があります。

　司会者（座長）が誰であるかを知ることも大切です。極論すれば、司会者があなたの最大の聴衆であると決めてもいい。あなたの知らない人が司会者だったら、Webサイトなどから彼・彼女の研究テー

マや職歴、興味関心などを調べましょう。司会者はそのセッションの権威ですから、司会者が最後に「素晴らしい結果でした。ありがとうございました」と言ってくれれば、聴衆はあなたの研究を素晴らしいものだと思うでしょう。司会者が冷たく「はい、では質問！」と言えば、聴衆からは厳しい質問がくるかもしれません。

　すでに投稿した論文のアブストラクトやタイトルは変えられなくても、発表のポイントは直前まで変えることができます。そのためには、プログラムをしっかり解読してください。

プログラムを解読する

3 準備段階（ストーリー作り）では パソコンを使わない

　最近では、パソコンとPCプロジェクターを使ってのプレゼンが主流です。パソコンを使えば動画を表示できたり発表の直前まで準備ができたりと、メリットはいろいろあります。しかし、準備の段階ではできるだけパソコンを使わないでください。

　パソコンに頼ると、パソコンで作りやすい図面を作ってしまい、それにストーリーを合わせていくという本末転倒が起きがちです。

　プレゼン用ソフトの機能はできるかぎり使わないで、中身で勝負しましょう。ソフトの機能に溺れてしまって、画面は派手なのに内容が粗末な発表をよく見かけます。

　資料作りは、プレゼン用ソフトの機能と無関係に行われるべきです。パソコンの機能に引きずられることのないように、聴衆を思い浮かべてストーリー作りに集中してください。そのためには、**パソコンを使わずに大きな白紙を用意して、それいっぱいに自分の話したい内容・ストーリーを自由に書きましょう。**

　パソコンのビューグラフ（スライド）は、1ページずつ、同じ大きさです。しかし、ストーリーは大きな流れです。1ページごとにタイトルがつくような発表は、コラム記事のコレクションかカタログのようなものであり、ストーリー（物語）性を生むことは困難です。

スライドの紙面の大きさに合わせてストーリーを区切るのではなく、大きな白紙にゆったりと強弱・長短のメリハリをつけて自由に物語を描いてください。白紙にはキーワードや図や文章、イラストなど、さまざまな形で思いつくことを落書きのように書き込んでいきます。そして書いたり消したり書き換えたりしながら、発想を膨らませながらストーリーを練り上げて行きます。画面がかぎられたスライドへの割りつけは、その後です。

　研究室やゼミの友達に話しながら、ストーリーを練っていくのも1つの方法でしょう。聴衆を意識したプレゼンのストーリー作りができるようになります。

大きな紙に自由にストーリーを書（描）く

4 アウトラインに工夫

　プレゼンでは、聴衆にアウトライン（目次）を示すことが必要です。これは、論文では目次に相当します。アウトラインが示されていなければ話がどこに行くのかわからず、とくにストーリーが整理されていないときは、いまがメインの話なのか、あとでもっと大事なことが出てくるのかわからず、聴いているほうはとても疲れます。**アウトラインは、聴衆のテンションをプレゼンの最後までつなぎ止めるための重要なキーです。**

　ただし、ストーリーの構成がわるければ、アウトラインによってそれがバレてしまいます。私は、アウトラインを見ることによってしばしば、この講演は最初しばらく話を聞かなくていいと判断してしまいます。大事な内容が出てくるまで、メールをチェックしたり、別の講演のアブストラクトを読んだりしてしまいます。

　講演のストーリー作りの基本は、第1部で述べた論文の科学と同じです。**1枚でも無駄なスライドが投影されて1分でも不要な話が続けば、その段階で聴衆のこころは離れます。聴衆にどこまで聴いてもらえるか、講演者と聴衆との闘いです。**

　その意味で、一番大切なのは序論です。論文の科学と同じです。起承転結はダメ、箪笥の引き出し型のストーリーはダメ、重点先行型の数珠つなぎになるようにストーリーを作ってください。

以下のようなアウトラインはまったくダメ、これではメッセージがまったく伝わりません。

アウトライン
1 目的
2 原理
3 実験
4 結果
5 考察

これではどんなプレゼンでも使えて、今回のプレゼンの具体性がまったくありません。

私の研究で言えば、

1 光でナノ物質を制御する
2 金属ナノ構造と光の相互作用
3 金属プローブによるナノ・イメージングの実験
4 アデニン分子のナノ・ラマンスペクトル
5 時間と空間およびスペクトル分解能の限界とその超越

というように、**「目的」「原理」「実験」**のそれぞれを具体的な言

葉に置き換えます。こうすることによって、聴衆はストーリーをイメージすることができて、先に続く内容に期待が生まれます。

　話題が次に進むたびにアウトラインのスライドを見せて、いま、話が全体のどのあたりにあるのかを示すことも有効です。話題が切り替わっても、聴衆の頭のなかにはまだ前に述べたことが残っています。アウトラインを示すことでそこから話題が変わることを聴衆にわからせて、次のストーリーへと円滑に頭を切り替えてもらうことができます。

例題6　アウトラインの添削例

　新しい論文を学生が紹介するゼミでの、ある学生のプレゼンのアウトラインです。

1　超音波顕微鏡
2　走査プローブ顕微鏡（SPM）を用いた超音波ホログラムイメージング
3　ナノ分解能の物質内部の超音波画像
4　結論

私の授業を受けていることもあり、

1　序論（歴史的背景）
2　装置の開発
3　実験結果
4　結論

といった形式的なアウトラインは書いていません。でも、もっとストーリーを伝えやすくできるはずです。考えてみましょう。

　最初の「超音波顕微鏡」は、超音波顕微鏡の原理なのか、歴史なのか、それともこれが新しい顕微鏡なのか、メッセージが伝わってきません。この発表では、これまでの超音波顕微鏡と、あとに続く話題である新しい提案が生まれた背景について語られました。とすると、アウトラインとしては、「これまでの超音波顕微鏡」とするのがよいでしょう。こうすれば、超音波顕微鏡というものは以前から存在していた装置であって、それに改良が加えられた装置の話が続くのだろうと予想できます。
　次の「走査プローブ顕微鏡（SPM）を用いた超音波ホログラムイメージング」は、先に語られた超音波顕微鏡を改良したものなのか、超音波顕微鏡に代わる新しい装置の提案なのか、どちらなのかよくわかりません。この装置は実は新しい超音波顕微鏡の提案ですから、私なら「新しい超音波顕微鏡の提案：走査プローブ顕微鏡（SPM）とホログラムを使う」とします。
　続いての「ナノ分解能の物質内部の超音波画像」は研究成果ですが、このアウトラインではそのことがうまく伝わりません。そこで「提案した超音波顕微鏡を用いて得た実験結果：ナノ分解能で物質内部

が観察できた」とします。

最後の「結論」は、上手くできたのか、今後に課題があるのか、どんな結論なのでしょう。まだまだ問題が多いようで、それについて議論しているようなので「結論：実用化に向けての課題」とでもしてみましょう。

添削前	添削例
1　超音波顕微鏡	1　これまでの超音波顕微鏡
2　走査プローブ顕微鏡（SPM）を用いた超音波ホログラムイメージング	2　新しい超音波顕微鏡の提案：走査プローブ顕微鏡（SPM）とホログラムを使う
3　ナノ分解能の物質内部の超音波画像	3　提案した超音波顕微鏡を用いて得た実験結果：ナノ分解能で物質内部が観察できた
4　結論	4　結論：実用化に向けての課題

「これまでの超音波顕微鏡に、SPMとホログラムを使うという新しい提案がなされ、それを使うことによって、ナノ分解能で物質の内部が観察できた、だけどもまだまだ解決するべき課題がある」というストーリーが、右のアウトラインではより伝わるようになったのではないでしょうか。アウトラインも発表のストーリーを伝える大事な要素です。アウトラインは先のストーリーまで聴衆が予想できるように工夫してみましょう。

さらに、この話題の前提となる情報を聴衆がある程度知っていて、話がつながっていることがわかっているとすれば、「：」の前を省略して、

1　これまでの超音波顕微鏡
2　走査プローブ顕微鏡（SPM）とホログラムを活用した超音波顕微鏡の提案
3　ナノ分解能での物質内部の観察
4　実用化に向けての課題

としてもよいでしょう。よくありがちなアウトラインと比べてみてください。専門的な話題ですが、なんとなくアウトラインの書き方はわかっていただけたのではないでしょうか。

5　プレゼンのストーリーは時間反転させる

　卒業論文や学会発表では、自分が研究を行ってきた時系列に従ってストーリーを組み立てがちです。まず、研究の基礎となる理論や先人の研究成果を学んで、そして装置の原理や使い方を学びます。それでやっと実験を始めて、でもなかなかうまくいかずに失敗します。そこで考え方を変えて装置を作り直してようやく結果が出る、という順序です。

　そんな順序で話すと、最初のあたりはどこかからの受け売りの歴史や理論の話ばかりで、聴く側にとっては元々知っているあたりまえの話です。退屈して、一生懸命聞く気がなくなるでしょう。

これでは失敗です。論文なら、退屈なところは飛ばして面白そうなページを探すこともできますが、講演ではそれができません。興味のある話が来るまでに退屈してしまい、肝心のあなたが言いたいポイントを聞き漏らしてしまいます。

話の途中で「この方法ではうまくいきませんでした。そこで………」なんてことになると、それまで一所懸命聞いていた人は「えっ、じゃあこれまでの話は聞く必要はなかったのか」とがっかりします。

小説ではないのですから、プレゼンのどんでん返しはだめです。論文と同じで、起承転結は講演においてもダメです。

むしろプレゼンでは時間を反転させてみましょう。直近（最後の実験結果）から過去（それ以前に失敗したことなど）へ戻るストーリーを考えてみてください。 苦労を語りたい気持ちはわかりますが、それよりも、最終的な成果を示すほうが、あなたのメッセージを正しく聴衆に伝えられます。

プレゼンに慣れて、聴衆を引きつけ続けることができるようになったら、そのときは大どんでん返しをしてやりましょう。それまでは、まず早くに結果、結論を見せるプレゼンが安全です。

コラム 10
私の講演のアウトライン

　私はかつて、年に 80 回ぐらい、今でも 50 回ぐらいの講演をします。そのなかから、最近の講演で使ったアウトラインの例を示しましょう。1 つ目は有識者会議、すなわち経済界や学界、メディアなどの代表をされている方々の前で「科学者」の考えをお話ししたときのアウトラインです。

　「科学を創るということ」
　　1　理工系離れ
　　2　科学を創る
　　3　学問の壁
　　4　科学は大阪から生まれる

　参加者の皆さんが最近憂いを持っておられることを、それぞれのタイトルにして話をしました。
　次は社長さんたちの集まりで大学発ベンチャーの創業者としての苦労をお話ししたときのアウトラインです。

　「大学発ベンチャーの楽しみ・苦労・その未来」
　　1　自動車は作れてもロケットは飛ばせない国の科学技術
　　2　スモールビジネスとベンチャービジネスは違う
　　3　失業の勧め
　　4　右手で持ち上げて、左手で押さえつける国と大学

5　けちけち経営
6　日銭をアルバイトで稼ぐ
7　特許経費で倒産
8　水で焼くレンジがごとき
9　経営者と営業マンがいない
10　トヨタが売れる国で車ベンチャー
11　東大は儲けたいと言う
12　レーザー走査ラマン顕微鏡
13　今後の戦略

　今、理化学研究所でエクストリーム・フォトニクスという研究プロジェクトが推進中です。次は、そこでの研究会での発表のタイトルとアウトラインです。エクストリーム・フォトニクスとは極限光学という意味ですが、エクストリームには「いきすぎ」という意味もあります。

「先端増強ラマン顕微鏡によるナノ・イメージング：プラズモニクスとその先」
1　私のエクストリーム
2　表面プラズモンとナノ・イメージング
3　プラズモニクスの向こう

　最後は、最近企業で講演したときのアウトラインです。講演のタイトルと話してほしい内容は先方からいただきました。アウトラインは先方からいただいたキーワードに少しメッセージを加えたものです。これを加えること

によって企業の研究者がより講演を聴いてみたい気分になってくれたのならいいのですが。

「フォトニクス最先端技術とその展開─ナノ・バイオ・メディカル・ＩＴ・環境をつなぐフォトニクス─」
  １ 光メモリの勘違い
  ２ 近接場顕微鏡はプラズモニクス
  ３ ラマン分光は時代を変える
  ４ 極限を超える、プラズモニクスを超える

6 プレゼンテーションソフトの補助機能は切る

　ストーリー作りとアウトラインがまとまったら、いよいよスライド作りです。

　ほとんどの人は、Power Point というソフトを使われるでしょう。私は Apple の Keynote を使います。これらのソフトでスライドの新規作成をしようとすると、標準スタイルとしてタイトルや本文を入れるボックスが表示されます。このような補助機能を使えば、それなりのレイアウトのスライドができるのでしょうが、この機能はすべてはずしましょう。**タイトルボックスや本文ボックスなどは真っ先に消して、先に作った白紙に描いたテキストとイラ**

ストを直接書き込んでください。

　スライドテーマも使わないでください。背景色は真っ白か真っ黒が一番よく文字が見えます。黄色やグレーは背景色には使わないでください。とくに青の背景はダメです。3色の色覚の1つの視神経を常に刺激することになり、文字が一番見えにくい背景色です。

　文字の種類やサイズ、色もたくさん使ってはいけません。字体は1種類のみ、サイズもできれば1種類のみ、せいぜい2種類まで、アンダーラインやイタリック、ボールドなども使い分けないでください。色も2、3色程度に抑えます。

　これは板書（黒板あるいはホワイトボードに書くとき）のイメージです。黒板を使って自分の研究を説明するとき、異なる字体や異なる大きさの字は使わないでしょう。せいぜい違う色のチョークを使うぐらいです。基本は白いチョークです。小中高校時代の授業を思い出してみてください。小さな字は読めないし、大きい字など無用です。色は使いすぎないことです。スライドには、黒板と同じイメージを持ってください。

　私は黒板のイメージで、濃い緑を背景に白いチョークで文字を書きます。字体は手書きのイメージで、丸ゴシックあるいはComic Sansです。サイズは部屋の広さによって変わりますが、普通の会場なら36ポイントのみで、引用文献など話の枝に相当する部分に一部、27ポイントを使います。ものすごく広い会場で遠くから見る人がいるときには48ポイントにします。

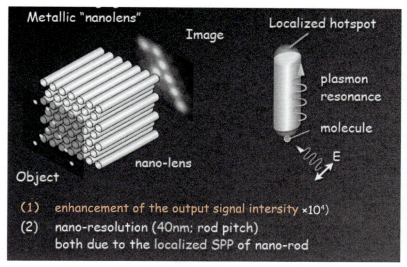

私のスライド

7 スライドにはタイトルをつけない

　Power Pointの最大の問題は、各スライドにタイトルをつけさせることです。スライドにはタイトルをつけてはいけません。何度も言うように、講演とは物語であり、映画のような時間の流れをもって進みます。スライドの画面サイズで区切りたくはありません。話の流れがスライドごとに途切れてしまいます。スライドの1枚ずつにタイトルをつけることは、映画の1シーンごとにタイトルを出すような愚かしいことです。

　プレゼンソフトにはさまざまなエフェクトがあり、1つのスラ

イドのなかでも、文字や文章や図面を、ずらして出したり消したりすることができます。これは使ってもいいと思います。しかしこのような**機能に時間をかけるよりは、徹底的に内容とストーリーにこだわってください。聴衆は、スライドを見に来ているのではなく、話を聴きに来ているのです。**

　スライド作りのテクニックよりも、ストーリーにメリハリをつけることのほうがずっと重要です。学生に私はいつも「プレゼンには山あり谷あり。2度笑わせて、1度ほろりとさせろ」と言います。

　山や谷のない発表はとても退屈です。メリハリが必要です。それをスライド機能で作るのではなく、ストーリーと内容で作ってください。

8　スライドは上から下、左から右

　スライドは、話にしたがって上から下へ、左から右へ、目で追えるように作りましょう。 図中の複数のカーブや写真の位置もポインターを使わずに説明できるように配列するか、説明書きをつけてください。

　スライドをどこから読めばいいのか悩まないように、画面の上から下に順番に読んでいくようにストーリーを作っておきましょう。

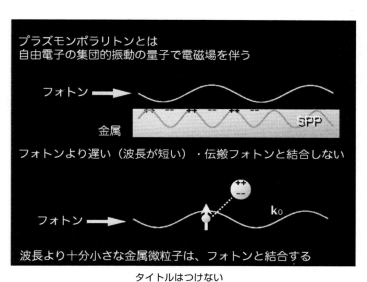

タイトルはつけない

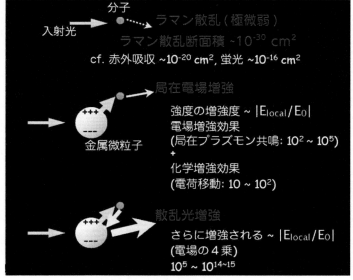

配置は目で追いやすいように

これは、あとで述べますがポインターを使わずに発表するためのスライド作りの基本です。画面の好きなところに図面や式を入れるのではなく、1枚のスライドのなかにも上左から右下に流れを作ってください。この構成は講演者の話を聞かずとも、聴衆が内容を追っていけるレイアウトです（前ページ参照）。

9 演台でアガらないための事前準備

ストーリーを考え抜いてスライドは完成、準備万端。さて発表当日、発表会場です。プレゼンの最大の敵は、緊張です。**プレゼンでなにより大事なのが、緊張しないで話せる環境を自ら作るということです。**とくに初めての発表ともなると、せっかく気合を入れて準備をしてきても、発表のときには舞い上がってしまうのが普通です。できるだけアガらずに話せるように、講演前に以下の準備をしてください。

まず、事前に会場の大きさと演台の位置を確認します。実際に演台に立ってみて、会場の広さを確認しましょう。スクリーンが近すぎないか、演台の高さは適切か、自分の位置は高すぎないか、などを確認します。スクリーンの画面が自分自身で見えないと、うまく話せません。気になることがあれば、立つ位置や演台の高さ

を調整してかまいません。

　マイクもテストしてください。スタンドマイクの場合、その位置は適当か、マイクからどの程度離れても声が拾えるかをチェックして、スタンドの位置を決めましょう。できればワイヤレスのピンマイクを使うのがよいでしょう。ピンマイクなら、マイクの位置を気にせずに話をすることができます。

　ピンマイクをつける位置も重要です。スクリーンに向かって右側に立つ場合は、スクリーンを見るたびに首を右に振ることになるので、ピンマイクはジャケットの右襟につけてください。左についていると声がうまく拾えません。左に立つときは逆です。ただし、スクリーンを見るということは、客席を向いていないということであり、本来は正面を向いて話すのがベストです。そのように話せる人はネクタイやシャツの合わせ部分につけるのが一番いいと思います。ネクタイにつけるときにその位置が下すぎると、声がうまく拾えません。できるだけ上のほうにつけましょう。

　その次にパソコンをセットし、その動作をチェックします。そのときに**会場の一番うしろの席に行って、自分の作ったスライドの文字が見えるかを確認しましょう。**会場のどの位置からでも読める文字の大きさでないと、聴衆は話を聴かなくなってしまいます。また、講演時の部屋の明るさをチェックしてください。明るすぎてスライドが見えにくいときは、照明を暗くするように、担当のスタッフにお願いしてください。一方、暗すぎると聴衆はプログ

ラムやアブストラクト、事前配付の資料が読みづらくなるため、そちらを見ることに意識が行って、講演をしっかり聴いてもらえません。適切な明るさ・適切な暗さになるように、照明をしっかり事前に調整してもらいましょう。

　もし部屋が広すぎたり照明が明るすぎたりして、どうしても文字が読みにくいときは、背景を白から黒、黒から白に変えたり、文字の大きさやフォントを調整する必要があります。時間に余裕があれば、これらの調整をしましょう。せっかくのあなたの講演を聴衆にしっかり聴いてもらえるよう、最大限の事前準備をしてください。

会場の大きさ、演題の位置を確認する

10　ポケットに手を入れる

　いくら最善の準備をしても、講演とは緊張するものです。できるかぎり緊張をほぐしてリラックスすることが必要です。私の場合は、ネクタイは締めずにシャツの第一ボタンをはずして、ポケットに手を入れて話します。これが私のもっともリラックスできる普段の状態なのです。品がわるく生意気に見られるかもしれませ

リラックスして話そう

んが、せっかくの伝えたいことが緊張してうまく言えないよりは、ずっとましだと考えます。近くに壁があれば、少し寄りかかりながら話すのもよいし、演台に手をついて話すとリラックスできるならばそうしてもかまいません。**とにかく、いかにしてリラックスするかを考えましょう。**

　演台の位置を確認することも、このリラックスした状態を作るために必要です。私の場合は、自分の立つ位置によっても話やすさが変わります。スクリーンを右に見るほうが話しやすいのです。右利きの私は、右手でスクリーンを指すからだろうと思います。あるいは、聴衆を右に見るのが落ち着くのかもしれません。海外の学会などでは、パソコンの切り替えを円滑に進めるために、左右に演台を用意し演者は順番に左右に発表場所を替えるケースがあります。私は自分の番が下手であった場合は、上手で発表するように替えてもらいます。

11　前の発表者を前座にしてしまう

　学会での発表を聴いていて私が気になるのは、前後の講演とまったく無関係に話をする人です。前の講演内容の余韻が残っているなかで、素知らぬ顔をして前の人と同じテーマを同じイントロで

もって話す講演者は、聴衆にはしっかり話を聴いてもらえません。なんの前触れもなく前の講演者のテーマからまったく話題が変わってしまうのにも、聴衆はついてこないでしょう。

　事前にプログラムから前後の講演内容を知って、それを踏まえた講演を準備するべきです。もし、直前までプログラムや前の講演者の話の内容がわからない場合は、前の演者の講演中にその場でストーリーを組み立て直します。

　私は、いつも前の演者の講演内容をイントロに利用することを考えます。そのために、講演の直前にイントロを完全に変えてしまうことがよくあります。前の講演を自分の講演のイントロとして取り込むことによって、自分の講演の主題部分をより長くすることができるのです。よいことではありませんが、あとの人の講演内容があらかじめわかっている場合は、あとの人が話せなくなってしまう状態にして終わらせる工夫だってできますよね。

コラム 11
一番前に座る（プレゼンの聴き方）

　コンサートを観に行ったら、演奏者が直接よく見えるS席に座りたいですよね。歌舞伎座も宝塚もそうです。役者の表情がよく見えて、臨場感があります。前方の席のチケットは値段が高く、後ろに行くにつれて安くなります。美術館でも水族館でも、人の後ろからではなく、展示の前で観たいものです。

　学会などで講演を聴くときも同じです。前の席のほうが講演者の表情がよく見えて、演者のこころがよく読めます。講演会とは投影されたスライドを観に行くのではなく、講演者の生の声を聴き、生の表情を観に行くのです。ぜひ一番前に座りましょう。後ろに座ったら同じ話でも、こころに入ってきません。臨場感が得られません。

　ところが、授業でも学会でも多くの人は後ろに座りたがります。もったいない。同じ料金なら、S席が断然お得です。

　講演者も、前のほうにいる人の表情を見て話します。聴衆が話に頷いてくれるか、首を振るか、うたた寝をしているかなどを見て、話の展開すら変えます。前に座れば、講演者の話さえも変えてしまうことができるかもしれないのです。無料の授業でも講演会でも、せっかく聴くのなら、是非一番前の席で聴きましょう。そして、もし居眠りをしたければ、後ろに座るのではなくソファーでも探したほうがゆっくりできます。

12　スクリーンを見ない

　パソコンの画面を見ながら話をして顔を上げない人や、スクリーンばかりを見て話をして、聴衆に顔を向けない講演者をときどき見受けます。ここで、先に述べた「誰に話をするのか」を思い出してください。**発表は話を聴いてくれる相手がいてはじめて成立します。必ず客席（聴衆）を見て話をしましょう。**

　一番かっこいい講演は、スクリーンに目次だけあるいはタイトルだけしか書いていないプレゼンです。こうなると、聴衆の目はスクリーンにいかず、あなたを見つめることでしょう。そして、あなたの話に耳を立てて聴くでしょう。これであなたは聴衆のこ

スクリーンを見ない

ころを取り込むことができるのです。スライド作成に凝りすぎると、聴衆はあなたの話をしっかり聞くことはなく、スライドばかりに目がいってしまいます。

私は、会場の誰かひとりかふたりを選び、その人たちを見ながら話します。全員を見ながら話すのは無理なので、熱心に耳を傾けてくれている人をひとりかふたり選び、その人たちに語りかけるように話します。会場が暗くて演台から聴衆の表情が見えない場合や、演台に強烈な照明があてられているためにまぶしくて聴衆の顔が見えない場合は、大変話しにくく感じます。

13 ポインターは使わない

講演では、できるかぎりレーザーポインターは使わないことを勧めます。レーザーポインターを手にすると、講演者はポインターを振り回してスクリーンのなかのあちこちにレーザービームを動かします。**自分のペースでスライドの中身を読んでいこうとする聴衆には、このレーザービームはとても迷惑です。**講演者の話すペースと聴衆の画面を読んでいくペースは、同じではないのです。

美しいプレゼンは、ポインターは使わずスクリーンにとらわれることなく聴衆を聴き入らせる講演です。ポインターを使わなければ

ならないスライドは、ストーリーが画面上でランダムに動き回るようなレイアウトになっているからであり、スライド作りの失敗の証左です。**ポインターを使わなくとも聴衆が画面を読んでいくことができるように、上から下に読んで（見て）いくように、スライドの中身を並べてください。**

　聴衆は、自分のペースで自分の順序で見やすいようにスライドのなかを読んで（見て）いきます。その順序通りに書かれていれば、ポインターなど要らないはずです。

　聴衆にはポインターではなくあなたを見つめてもらえるように、スライドに工夫をしすぎないよう、ポインターを多用しないよう、気をつけましょう。ただしこう言うと、ポインターを使わずスライドを見ず、原稿を丸読みする人が出てきます。それはもっと駄目です。必要な時には、ポインターを使ってください。

ポインターは聴衆を疲れさせる

14 スライドに書いてあることは全部話す、書いていないことは話さない

プレゼンに自信ができるまでの間は、スライドに書いてあることは全部話すようにしましょう。プレゼンに自信ができるまでの間は、スライドに書いていないことは話さないようにしましょう。

とくに講演の始まりの部分では、あなたの言葉を聴くよりもスライドを読み始める聴衆が多いものです。話す内容・言葉とスライドの内容・言葉が異なると、聴衆は耳と目とどちらに集中するべきかわからなくなります。スライドに書かれた文字と話す言葉がきちんとシンクロしていれば、聴衆はあなたの話を聞いていればよいのだなと安心し、自然と聴衆は話に集中してくれます。

そのためにも、スライドに書いてあること（文章でなくてキーワードでよい）だけを全部話しましょう。これは大事なことを言い忘れてしまうことの防止にもつながります。スライドに書いていることだけを読めばよいようにすれば、あなたの緊張もかなりほぐれることでしょう。

スライドに書いていないことを話し出すと、聴衆はスライドのなかであなたの言葉を探して迷子になってしまいます。逆に、スライドの図や文を説明せずに飛ばしても、聴衆はそれを読み続けるために、あなたの話が耳に入らなくなります。

ただし、これは「はじめてのプレゼン」習得者向けのテクニッ

クです。プレゼンに自信ができ、聴衆があなたを見つめる表情が確認できるようになったら、スライドの中身は少しずつ減らしていきましょう。スライドよりもあなたの声、言葉、そして表情に注意を向けていくよう、工夫をしてください。

15　楽しそうに話す

　学生の発表には、しばしば辛そうで悲しそうな発表があります。緊張して元気がないのです。「ねぇ、みんな聞いて、聞いて！！」という気持ちが持てれば、もっとプレゼンがよくなるのにと思い

楽しそうに話す

ます。**自分が楽しくない発表は、ほかの人が聴いても楽しくありません。**偉い人やたくさんの人の前で発表するなんて、恥ずかしさと怖さでいっぱいなのに、そんな気分になんてなれない？ でも、楽しさを示せるよう発表を工夫してみてください。

楽しそうな講演には、みんな耳を傾けます。感情のこもらないプレゼンは眠気を誘います。せっかくたくさんの人に聴いてもらうのだから、自分なりの感激や興奮、気に入っている点を少しでも伝えられるように一生懸命語りかけましょう。

コラム12
教授とうまくつきあうための科学
―面談にもプレゼンと同じ準備を―

　研究室の学生は、15分から1時間程度のアポイントメント（面談予約）をとって、私に研究の進捗状況報告や研究についての相談に来ます。しかし残念ながらかぎられた時間で私に話したいこと・尋ねたいことがきちんと伝わらない場合が、非常に多くあります。

　私は、彼らが話し終えてから質問する場合もありますが、話の途中で質問をすることもあります。最後まで聞いたあとでは、途中で訊ねようと思ったことを忘れてしまうかもしれませんし、途中から話についていけないことがあるからです。しかし、途中で質問を挟むと、1つの質問が異なる話題に展開したり、さらなる質問につながったりします。

アウトラインを示し重要なことから順に話をしていれば、途中で話題が変わっても問題ないのですが、彼らが話のはじめから本題に入ることはなかなかありません。結局は言いたいことは言えず聞きたいことは聞けず、本論に続かないうちに面談の時間が終わってしまいます。

　私は、面談の際にもプレゼンと同じ準備をすることを勧めています。最初に、この時間で話したいことのアウトラインを示せば、聞く側は、話がどこまで進むのかをあらかじめわかった上で話を聞くことができます。話すほうも、肝心なことを言い忘れるということを防げます。

　面談にわざわざパソコンとプロジェクターの用意までは要りませんが、プレゼンとまったく同じようなスライドを作り、それをプリントしてくるのがよいでしょう。

教授との面談

実験データだけを持って面談に来る学生がいますが、それだけでは、実験が成功なのか失敗なのかわからないし、それに基づいて何を話したいのかは伝わりません。
　話題を変える場合には、プレゼンと同様に、アウトラインを示しましょう。
　企業、とくに外国の企業の来客は、面談の際にプレゼンテーションシートを持ってきて、今日お話したいことは○○で、まずは□□の話から……と話を進めることは、ごく普通です。
　学生は、教授との面談でもプレゼンだという意識を持ってください。かぎられた時間でお互いに有意義な話をするために、ただ漠然と話をするのではなく、資料を準備し、はじめにどんな話をしたいのかを明確にしましょう。
　面談が終わったあとは、できるだけ早いうち（その日のうち）に話し合った内容のメモをまとめて、メールなどで相手に送りましょう。これでお互いの理解の確認ができますし、またもう一度面談をするときには、その次から話を始めることができます。
　貴重な時間をより有効に使うための科学です。

コラム 13
「ミニッツ」のスゝメ

　研究室の学生やポスドクとの研究打合せは、2人でも複数人でも、そのあとに「ミニッツ（minutes：覚え書き）」を書くことを学生に勧めています。打ち合わせしたら必ずそのあとにミニッツをまとめてもらって、それをメールで交換します。議事録という大げさなものではなくメモ程度でかまいません。**ミニッツはその日のうちに交換することが大切です。**

　ミニッツを書くと、打ち合わせ時におけるお互いの理解の違いを確認でき、またそれを修正できます。打ちあわせ時には合意したはずでも、その後に忘れてしまったり、それぞれが自分の都合のよいように解釈してしまって、あとでトラブルになる恐れがありますが、文字にしておくとこれを避けることができます。1週間後、1か月後に再度ミーティングをするときには、前回のミーティングの議論を忘れてしまっている可能性があります。そうなると、話は前へ進みません。**まず前回の打合せの要点を、ミニッツを一緒に見ることによって確認しましょう。**

　また、ミニッツを書くことによってミーティング時の内容が頭のなかで整理されていきます。ミーティング中には気づかなかった問題点や誤解がミニッツをまとめる際に気づくこともあります。議論の参加者が互いにミニッツを修正していくと、ミーティングの時間外でも互いの理解をすり合わせることができます。論文執筆のための

打ち合わせのときにもミニッツを書いておけば、ストーリー構想の手助けにもなります。

【ミニッツの例１】
　昨日のミーティングの議事録をシェアいたします。
- hBN シートならデフェクト、エッジを観ることができる。ラテラルな振動モードは、理想的なチップ下のＺ偏光では見えない。マルチグレイン化したプローブなら面内偏光成分ができる。これに期待
- 論文にするためのデータ、計算、装置に集中する
- 液中 TERS 実験に向けたサンプル準備と AFM 装置作りは、前倒しで進める

【ミニッツの例２】
　おとといのミーティングで話した内容をまとめたので送ります。
　引き続き、苦しみながら楽しんで物理をします！
- ゼミナールのアブストを見てもらい、承認をもらった
- 光学系を見てもらったところ、ハロゲンランプは下からではなく上からあてたほうがよいとアドバイスをいただいた
- 撮影した動画の様子から、おそらく水のなかに光が入り込んでしまっていることが考えられた
- したがって、ガラスと水の境界で全反射を起こすための条件を計算し、ミラーの角度を調整する必要がある

●もっと苦しみながら楽しんでみること。ときには実験室を離れ、どんな実験をしているかわからない人ともディスカッションすること。うまくいかないときは紙を使って計算したり、理論を勉強すること。これらを意識して進めていくようにアドバイスをいただいた

【ミニッツの例３】
　お時間取って頂き、ありがとうございました。ミニッツを送ります。

　　□やったこと
　　　1. 金アンテナ近傍の電磁場２Ｄシミュレーション
　　　2. EBリソグラフィーによる金アンテナ作製
　　　3. CNTトラッピングの実験

　　□議論したこと
　　コメント：アンテナに光（垂直入射）がどのように
　　　　　　　カップリングしているのかわからない。
　　　　　　　入射光に角度が必要なのではないのか？
　　対　　応：アンテナ内の電荷分布をシミュレーショ
　　　　　　　ンする。他の計算の論文を調べて、入射
　　　　　　　光が垂直入射かどうか調べる。
　　コメント：EBリソグラフィーと化学合成、どちら
　　　　　　　のほうがソーティング精度が高くなるの
　　　　　　　かしっかり議論するべき。

対　　応：プラズモンの強度、Q 値、アンテナの大きさのばらつき、アンテナの配向方向など、比較し議論する。

コメント：金属アンテナがよいのか、誘電体アンテナがよいのか、しっかり議論する。

対　　応：増強度、フィールドの閉じ込め、熱の発生などについて、比較し議論する。

コメント：実験を急ぎすぎ。飛び石を飛んで行くように進めている感じがする。急がば回れ。

コメント：全部上手くいっているような話に持っていきすぎ。矛盾に気づいたら、軌道修正すること。

対　　応：根本で悩み、先生にメールする。

コメント：研究のための研究はしない。プラズモニクスやナノにこだわらない。ビジョンを持ち、ゴールとの距離感を大切にする。

対　　応：CNT のソーティングという目的に対し、金属ナノ構造にこだわる必要があるのかどうか、しっかり考える。実験ばかり先に進めるのでなく、しっかり理論の勉強を進める。

第3部

論文・プレゼンの科学
中級編

1 学術論文を書こう（まず雑誌選びから）

　学術論文を書く上での最初の準備は、どの学術誌に投稿するかを決めることから始まります。この本ではこれまで、プレゼンは目の前にいる聴衆を魅了すること、論文は読者が思わず読み進んでしまうように書くことを伝えてきました。**すなわち、聴衆・読者の立場に立つことが大切です**。卒業論文や学位論文の読者は研究室の友達や同級生ではなく、卒業の単位を出してくれる先生や学位審査の教授です。一方、研究論文の読者は同じ分野の研究仲間・ライバルです。同じ分野と言っても、投稿する学術誌ごとに読者はそれぞれ異なります。

　投稿先は雑誌のレベル（インパクト・ファクターなどで評価されることが多い）よりも、読んでほしい読者が誰であるのかを考えて決めましょう。『Nature』や『Science』は非常にレベルの高い雑誌として知られていますが、これらの雑誌は必ずしも専門誌ではありません。その読者層は一般人も含めて広く科学に興味を持つ人たちです。もし発表したい内容が、新しく開発した装置やデバイス・材料であるならば、その成果に興味を持ちそれらを認めて欲しい人たちは一般人ではなく同業の仲間たちでしょう。仲間たちの業界（電気電子、機械、化学、高分子材料、製造装置や検査分析装置など）の専門誌に掲載されたほうが、インパクトがあ

るでしょう。

　2014年のノーベル物理学賞は、高効率高輝度の白色光源を実現する青色レーザーの発明に対して、3人の日本人が受賞しました。彼らの論文は日本の応用物理学会の英文誌に投稿されて掲載されました。この分野で世界をリードしていたのは日本ですから、日本から発刊される英文誌を世界の専門家が読んでいたのです。

　非営利・公益の法人である学会が出版する学術誌は、その学会に所属する会員が年間購読して読む専門誌です。ですから一般人ではなく会員である専門家向けの雑誌です。インパクト・ファクターという評価基準では『Nature』や『Science』にかないませんが、その専門性の高さと内容の信頼性は、むしろ学会誌のほうが高いと言えます。学会が発刊する専門誌としての責任と権限から、これら学会誌への投稿論文の採否の判断は、通常同じ分野の専門家2名か3名の審査結果に従います。編集者や編集委員会の役割はこの査読者を選ぶことであり、選んだ査読者の判断に概ね従います。

　一方『Nature』や『Science』は一般の人に魅力ある（インパクトのある）研究成果であるかどうかが大切です。投稿論文は必ずしも専門家ではない編集者が、広く一般の科学に興味を持つ人たちに重要な論文であるかどうかで採否を判断します。投稿論文数の8割程度は編集者だけの判断で掲載を拒否します。残りの1、2割は専門家の意見を仰ぎますが、編集者が異なる査読結果を

読んで、冷静に判断して採否の判断をします。

さて、あなたの今回の研究成果はどの雑誌に投稿しましょうか。私の経験例を示しましょう。タイトルは

「Surface-Plasmon Holography with White-Light Illumination」

これをどの雑誌に投稿すればいいでしょう？ タイトルの最初の単語（専門用語ですが、ここではその理解は無用です）の「表面プラズモン共鳴」は物理現象です。ですから、物理系の学術誌（たとえば『Physical Review Letters』）がいいような気がします。

「白色照明のホログラフィ」とはカラーで再現できるホログラムのことです。これまでは Bragg 回折という光の回折現象を原理としていましたが、今回は Raman-Nath 回折でそれが実現できることを示したことが主張の1つです。したがって、光を扱う専門誌（たとえば『Optics Letters』）のほうがよいようにも思えます。

これは3次元ディスプレイの話ですから、電気電子系の雑誌（たとえば IEEE と OSA という2つの学会の共同出版の『Journal of Display Technology』）が適当かもしれません。ホログラムはフォトレジスト膜と金属薄膜と SiO_2 薄膜の三層構造であることが特徴ですので、化学系・材料系の学会誌のほうがよいかもしれません。

どの分野に読者層を合わせるかに悩みますよね。私の結論は、このまったく新しいホログラムの登場は、上記のそれぞれの分野

の専門家のみならず一般社会の人たちにも興味を持ってもらいたいとの思いから、『Science』誌に投稿することにしました。いまもホログラムはSF映画によく登場します。一般の人には専門的すぎる部分については、別に応用物理分野の雑誌（『Applied Physics Letters』）と光学分野の雑誌（『Applied Optics』）に投稿し、それぞれ掲載されました。

どの雑誌に投稿するか？

コラム14
研究所が研究成果をマスコミ発表する？

　『Nature』や『Science』は発刊される1週間前にマスコミに記者発表（プレスリリース）をします。マスコミはそれを記事にして発刊日に一般人向けに報道します。宣伝・売上げ向上のためにこのようなプレス発表を行うことは出版ビジネスとして当然だと思いますが、それを真似て最近、研究所や大学等の学術機関が所属する研究者の研究成果をマスコミ向けに発表するケースが見受けられるようになりました。私は、これは慎みのないことだと受け止めています。

　科学者が専門的な研究成果を得た場合は、専門家向けの雑誌や専門学会での講演会で発表するべきです。マスコミを通じて一般のいわば素人の関心をむやみに煽るようなことに対しては、慎重であるべきだと思います。マスコミの記者さんたちはその分野の専門家ではないので、機関からの発表の内容の正当性や重要度を的確に判断することができません。

　学術機関がマスコミを介して一般市民に向けて宣伝の目的で成果発表をすることは、むしろ危険ですらあります。過日、国立研究所（正確には独立法人）の若い女性科学者の研究成果の発表がありました。誇らしげな発表内容とスタイルに対して、私は戦争末期の派手な大本営発表に似ていると感じました。一般市民はこれを聞いて、日本が勝ち続けていると信じました。そして結果として、多くの犠牲者を生みました。研究所の派手な発表もまた

科学者の未来を奪い、自殺者まで出してしまいました。学術機関は過度な宣伝は慎むべきだと思います。マスコミも学術機関の宣伝行為に対してはもっと慎重に対応するべきだったと思います。研究所の派手な宣伝はいまも変わりません。

　科学者は、論文を投稿し掲載することと講演会で発表することで、すでに十分な宣伝を行っています。それ以上のことを行うときには、宣伝発表とは誰のためなのかをよく考えてみる必要があります。

2　論文のスタイルを読み解く
（投稿ガイドラインに従う）

　さて、どの雑誌に論文を投稿するかを決めたら、次は**その雑誌のスタイルをしっかり調べましょう**。まずは、その雑誌にすでに掲載されている論文を複数よく読んでみましょう。雑誌によって論文のスタイルは違います。その雑誌特有の論文のスタイルを見つけます。

　装置図や装置の写真が載る雑誌と、それらは載らない雑誌（『Nature』、『Science』は載りません）、イラストが多用されている雑誌とイラストは載らない雑誌（『Applied Physics

Letters』や『Optics Letters』は載りません)、図面がたくさんある雑誌とそうでない雑誌、図番号ごとに図が1つずつわけて載せられている雑誌と図番号1つに複数の実験結果やグラフやイラストが載っている雑誌、図の説明文(Figure Caption)が非常に長い雑誌と簡単な雑誌、引用論文件数が多い雑誌と少ない雑誌などなど、千差万別です。これらのことを読み解くと、この雑誌にはどんな論文を投稿することが求められているのかが見えてくることでしょう。

雑誌のスタイルを知ることによって雑誌の個性が掴めたら、次には**雑誌の投稿規定をしっかり読みます。**それぞれの雑誌には必ず細かな規則(ガイドライン)があり、それを満たしていないと論文は採択されるどころか受理すらされません。

3 『Nature』『Science』に投稿する: 投稿の例として

たとえば、『Nature』に研究成果を論文として投稿するなら、まず「Articles」とよばれる5ページ以内の論文か、「Letter」とよばれる4ページ以内の論文かのどちらかを選択する必要があります。この2つの本質的な違いは長さですが、論文スタイルも異なります。Articlesは150単語以内のサマリーとよばれるアブ

ストラクトが要りますが、Letter にはアブストラクトはなく、いきなり本文から始まります。本文の最初の 200 単語程度（長くても 300 単語以内）で研究の背景からこの論文のポイントを書きます。Articles のサマリーには引用文献番号をつけることは許されませんが、Letter では逆にリーディング文においても文献を引用しなければなりません。両者においては、それ以外にも図面・テーブルの数や引用文献の数の制限が異なります。

　『Science』では「Research Article」（5 ページ以内）と「Report」（3 ページ以内）とよばれる長さの異なる 2 つのカテゴリーがあります。どちらもアブストラクトが必要です。そして引用文献の数など、いろいろな違いがあります。

　この 2 誌に掲載される論文は、学会誌（『Letters』以外）の原著論文と比べて長さが短く制限されています。したがって、一般読者に必ずしも重要でない細かな内容や結果は、本文には書けません。その代わりに「Supplimentary Information」（『Nature』）あるいは「Supporting Online Materials」（『Science』）とよばれるページに詳細を書きます。これらはネットから見ることができますが印刷はされません。ムービーのように印刷できないデータもここに載せます。実験において使った材料・試料や開発した実験手法は本文と別に「Materials and Methods」（『Science』）あるいは「Methods」（『Nature』）という節に書きます。これも印刷物には載りませんがオンライン上で掲載されます。

本文の長さの制限は厳しいのですが、これらの節を利用すると、結局は結構詳しく書くことができるわけです。『Nature』の場合は、ほかにも「Brief Communications Arising」、『Science』では「Brevia」というカテゴリーでさらに短い論文を掲載することもできます。ただしあまり活用はされていません。

　以上を含めて、この2誌にかぎらずすべての学術誌は詳しいスタイルについての投稿規定がありますので、それをしっかり読むことが大切です。

> ### コラム15
> ## Schekman 博士の批判
>
> 　2013年のノーベル賞医学生理学賞を受賞したRandy Schekman博士は、「**著名科学誌は、インパクトの高そうな人目を引く論文を恣意的に選別して掲載している。研究界・学界では、高インパクト誌への論文掲載で研究者を評価しており、研究者は誘惑され、手抜きしたような論文でも数多く投稿している。こうした悪習は糾すべきだ。**科学誌は本来、一定水準以上の論文をすべて掲載すべきだ。**今後私の研究室からは『Nature』『Cell』『Science』には投稿しない**」と発表し、大きな話題となりました。
>
> 　昨今、学術誌を発刊する会社は各社激しい買収・再編劇を繰り返しています。『Nature』はMacmillanという会社が発行していましたが、2015年からはSpringerという別の出版社に買収され合併しています。学術誌の出

版社もビジネスである限りは売上と利益が大切であることは当然です。非営利の社団法人である学会とは異なります。売上を上げるためには、広く一般社会の市民や専門分野の異なる科学者の関心を得るように、目立つテーマの論文を取り上げます。そのおかげで、一般市民が科学に関心を持つという大切な社会貢献を果たします。

『Nature』誌は、もともと生物学や天文学、化学物質、あるいは素粒子物理などの自然科学に関する研究成果が掲載されていましたが、いまでは工学・テクノロジーや情報科学に関する論文も掲載されます。また、科学界の動向や世界の科学者の情勢、国家の科学に対する政策などの記事も多く載り、一般誌としても大変優れていると思います。日本のポスドク問題や日本の若者が海外の大学に学生やポスドクに出ないことなども、繰り返し記事になります。

一方『Science』はAAAS（American Association for the Advancement of Science、アメリカ科学振興協会）とよばれる協会が発刊しています。しかし論文採択の手法や記者発表のやり方などは『Nature』と変わりません。

学会が発行する学術誌も最近はこれらの雑誌に近い手法（査読者に回さずに編集者が掲載拒否するプレ・スクリーニングや記者発表など）を採るようになりつつあります。いずれもインパクト・ファクターを上げることが目的です。インパクト・ファクターは投稿者や学会員の関心事でもあるからです。

コラム 16
オープンアクセスジャーナル

　前のコラムで紹介した Schekman 博士の著名雑誌批判は、商業主義的な論文選別にあります。高温超伝導を発見したという Schön 博士のデータ捏造、ソウル国立大学の黄教授のヒトのクローン、そして STAP 細胞の疑惑などは、すべて『Nature』『Science』で起きた事件です。しかし出版社が不正をはたらいたのではありません。出版社にも科学者にデータ捏造をさせる文化を生み出した責任はあるかもしれませんが、雑誌への掲載論文数やインパクト・ファクターに振り回される大学や学術機関が批判されるべきなのです。教員や研究者の採用や昇進を雑誌の査読システムに依存して、自ら審査をすることを怠っています。不正論文を含む恐れのある雑誌に、人事や学位審査を頼りすぎるべきではありません。

　Schekman 博士はその後、「オープンアクセスジャーナル」の編集長をしておられるそうです。**オープンアクセスジャーナルとは、これまでの雑誌と異なり、購読者や学会員は購読料を払いません。この雑誌の論文は誰でも無料で読むことができます。**だから、オープンアクセスです。だれでも無料で読めるのですから、有料の雑誌よりはるかに多くの読者を得ることができます。その結果、著者はその論文をより多くの人が引用してくれることを期待します。そして高いインパクト・ファクターが得られます。編集者が無理に人目を引く論文を選ばなくてもよくなるのです。

オープンアクセスジャーナルは印刷されません。その代わりにインターネット上で公開されます。したがってコストがかからないのですが、それでも編集などの経費が必要です。そこで、論文の投稿者が経費を払います。自分の論文を読んでもらうために、お金を出すのです。何か変ですね。

　『永遠の0』や『海賊と呼ばれた男』で有名な人気作家の百田尚樹さんに『夢を売る男』という小説があります。著者が出版社に自分でお金を払って本屋さんに並ぶ本を出版してもらうというストーリーの小説です。オープンアクセスジャーナルは、これに似ています。お金のない人は論文発表ができないのです。『Nature』が出版する『Nature Communications』というオープンアクセスジャーナルは、数ページの論文を1つ掲載するのに60万円の支払いを求めます。これもまた商業主義と言うべきでしょうか。学問や科学も経済原理とは無縁であるのが難しい時代になってきました。商業主義的な雑誌とオープンアクセスジャーナルのどちらがより公正かと悩んでみても、同じ出版社から両方のスタイルの雑誌が発刊されています。求められるのは科学者と学術機関自身のモラル、エシックスです。

4 論文を書く

　読者層が確定し、投稿する雑誌が決まって、指定のガイドラインを学べば、いよいよ執筆です。論文のストーリー作りについては、すでに第1部で紹介したとおりです。なぜ、この論文を読むことが大切なのかをできるだけ早く明確にしましょう。このことは、あなたがなぜこの研究をするに至ったのかの動機を説明することにほかなりません。**自分の言葉で、なぜこの研究をするに至ったのか、その研究が読者に読む価値のある知見・発見・発明・理論構築の成果をもたらしているのかを、しっかりと説明しましょう。**

　読者は忙しいので（あるいはあなたの論文が退屈なので）、論文の最後までは読んでもらえないものと覚悟をしてください。どこまで読んでもらえるかが著者と読者の勝負です。あたりまえのことが書かれていると、読者は「大した論文ではない」と判断して途中で読むことをやめるでしょう。**自分だけの思い込みの文章は読者を不愉快にさせます。大げさな言葉や形容詞を使わず、淡々と事実だけを書き綴ることが大切です。**内容で説得するべきであり、言葉での説得は逆効果です。「簡単」「安価」「小型」などが主張に出てくる論文は、品格と学術性に欠けます。たとえ大きく高く複雑でも、ほかにない新規な機能やほかでは得られない性能が得られることが、論文として評価されます。その点、特許とは異なります。

5 学術論文のアブストラクトはかならず最後に書く

　アブストラクト（要旨）とイントロダクション（序論）の書き方の違いがわからずに混乱している学生を見かけます。この２つはまったく異なります。アブストラクトにイントロダクションは書きません。イントロダクションにアブストラクトも書けません。第１部にも述べたとおり、**論文はイントロダクションから書き始めましょう**。本文の最初に始まるパラグラフですから、少しはしゃいででも（とは言っても言葉だけ大げさなのはダメですが）、読者をその次のパラグラフに誘導できるよう、しっかりと研究の背景、動機、意義を書きましょう。**アブストラクトは、論文をすべて完成させたあとでもう一度丁寧に読み直して、最後に書きましょう。**

　アブストラクトは、論文本文と独立して学術誌の目次や Web サイトに載ります。この内容が魅力的でないとせっかくの優れた論文も本文を読んでもらえません。しかし、その書き方は学術誌ごとにかなり厳密に決まっており、自由はあまりありません。正確にルールに従って書きます。例として『Nature』の著者向けへのアブストラクトの書き方のガイドライン（WEB 等に公開されています）を示しましょう。先に述べたとおり、『Nature』は Letter にはアブストラクトはなく、Article にアブストラクトが必要です。

●長さは 150 単語以内

- 他の文献の引用をしてはいけない
- 数字や長さなどの量、略称・略号は原則的に含んではいけない(それが論文の本質である場合を除いて)
- 専門分野以外の人を対象とすること
- 2、3センテンスからなるパラグラフ(段落があってはならない)で、当該分野の基本的なレベルでの説明、研究の背景と原理の簡単な説明、得られた主たる結論の説明(これは Here we show などの言葉で始めること)をする。そして2、3センテンスでこの研究で得られたおもな知見を述べ、得られた結果がそれがいかに当該分野をさらに前に進めるかを示す

6　カバー・レターとアピール・レター

　多くの学術誌は、論文投稿をする際に編集者に手紙を書くことが許されています。これを**カバー・レター**と言います。いまではほとんどの学術誌が WEB 投稿を受けつけていますので、これも WEB 投稿します。

　カバー・レターには普通、「ここに○○というタイトルの論文を投稿します。本原稿の内容はほかのいかなる学術誌にも投稿していません」と書きます。しかし、それだけではもったいない。**カバー・**

レターは編集者への手紙ですから、編集者に向けてあなたの論文のオリジナリティや新規性をしっかり主張した手紙を書きましょう。どうしてこの論文をこの学術誌に投稿することにしたのか、これはいかにこの雑誌の読者にとって重要な情報を提供しているのかを書いてください。編集者にとって、論文の掲載を判断する上で大変参考になります。

　もしあなたの研究のライバルなどで、あなたの研究成果を公正に判断してくれないかもしれないと思う研究者がいれば、その人に査読を依頼しないようお願いしてもかまいません。学会等で発表すると、いつもあなたの研究を勘違いして批判し続ける研究者がいれば、その人も査読者にしないようにお願いしましょう。編集者にとって、無益な感情的あるいは政治的な議論を避けることになるので、このような情報提供は助かります。もっとも、編集者が不愉快にならないように冷静に主張されることが必要です。

　逆に、**あなたの研究内容を理解し公正に判断してくれるであろう研究者を複数名紹介することも編集者に歓迎されます。編集者が一番苦労するのは公正な査読候補者を探すことだからです。**もちろん、あなたの提案を受け入れるかどうかは編集者の判断です。少し多めに4、5名を推薦するのがいいでしょう。

　せっかく苦労して書いた論文ですが、そのまま採択されることはほとんどありません。査読者からさまざまなコメントをいただき修正を求められたり、あるいは掲載すべきでないとさえ言われ

ます。2、3人の査読者が全員、これは掲載するべきだと言うまでは、編集者を通して査読者との激論が続きます。査読者の否定的意見に著者が納得すれば、投稿を撤回するか別の学術誌向けに書き直します。納得いかなければ、論文の修正と反論を続けます。それが複数回に及ぶと、編集者が採否を判断します。

　残念ながら掲載が拒否された場合、それでもまだ争う道があります。編集者に**アピール・レター**を書くのです。多くの学術誌では制度的に審査結果に対して自分の正当性をアピールすることは許されており、これが編集者に届くと編集者は再度審査結果について検討をしなければなりません。アピール・レターによって復活することは相当難しいのですが、少なくとも別の査読者に回してもらうあたりまでは可能です。

コラム17
読んでもらえるメールの書き方

　私は1日に何百通ものメールを受け取ります。1通のメールにあまり時間をかけられません。こんな忙しい人たちにいかに自分のメッセージを伝えるかは、論文の科学・プレゼンの科学と同じ発想が必要です。メールの最初から何行目まで読んでもらえるかが勝負です。

　忙しくない人であっても、興味のないメールや読みにくいメールは、途中から読みとばします。**用件は必ず最**

初の数行以内に書きましょう。論文・プレゼンと同じです。**メールも最後まで読まれない可能性があります。**私は多くのメールを移動中に iPhone で読みます。読んでいる途中で電車が来たり、電話がかかってくると、読み終わっていないのに既読になります。用件は最初の数行以内に書きましょう。メールの内容が講演や原稿依頼の場合、もしその日程や謝金額、依頼の趣旨が最初に書かれていないと、それを受けるかどうかをその場でとっさに判断できず、その後返事をすることを忘れてしまうでしょう。大切な内容はできるだけ早く、最初の画面にあらわれるようにしましょう。

　１つのメールで複数の用件を書くことも、大きな間違いです。１つ目の用件を読んで対応し、２つ目以降は読みとばすか対応を忘れてしまいます。**用件１つずつ、別のメールにしましょう。**

　メールのやりとりが繰り返されるとき、前回のこちらからのメールを残さずに消去してしまう方がいます。こちらは前のいきさつを覚えておらず、何の約束をしたのかを知るために前回以前のメールを探さなければなりません。その時間がないときはメールの対応を怠ります。**これまでのメールをつけておくのは、相手が時間節約できるようにするための礼儀です。**

　メールに書類を添付する機能を活用される方が多くいます。添付資料を見るためには、そのアイコンをクリックします。そうすると別のアプリケーションが作動して資料の内容が開かれます。だから時間がかかります。そ

れでは手間だし、その間に別の用事が入ることもあります。相手に手間がかからないように、本文にテキストで書くことが礼儀です。**添付は読みとばしてもかまわない詳細の情報や参考資料にとどめるべきでしょう。**

『Nature』や『Science』などでは、本文以外にサプリメンタリーとよばれる原稿を受けつけますが、これは必ずしも読まなくてもよい内容です。だからオンラインでしか読むことができません。

丁寧な招待状や礼状を、添付でPDFとして送ってくる方がいますが、中身のわからない添付ドキュメントは受け取った側には面倒です。本文にもその内容を書いて、その上で「招待状を添付しました」と書きましょう。

メールは用件を最初の画面で読めるように書く

7 講演要旨は予告

　ここからはプレゼンの中級編です。

　学会の年次大会や国際会議で事前に参加者が手に入れられる情報は、プログラムに掲載されているタイトルと講演者名と講演要旨だけです。よほど有名な人ならともかく、まだ知名度のないあなたの発表を多くの講演のなかから見つけてもらって、講演を聴きに来てもらうためには、タイトルと講演要旨（アブストラクト）がよほど魅力的でなくてはなりません。講演要旨を読んで「この講演はつまらない」と思われたら、あなたの講演を聴きに来てくれません。講演要旨を読んで「講演内容がわかってしまった」と思われたとしても、聴きに来てくれないでしょう。

　講演要旨にはただ講演の内容を書くのではなく、講演を聴きたくなる宣伝文を書きましょう。映画の予告編と同じです。そして、**予告編で結論がわかってはいけません。あくまで予告であって、お客さんを集めることが目的です**。犯人は誰なのかとか、このお話はハッピーエンドで終わる、など結末がわかってはいけません。**どうしても結末が気になると思わせることが大切です**。講演要旨も同じです。結論は書かなくてもかまいません。それは聴いてからのお楽しみ、です。講演のアブストラクトと論文のアブストラクトは同じではありません。

例題 7　私の講演のタイトルと要旨

「科学技術に政権交代は起こるのだろうか」

　スウィフトはラグナグ王国にガリヴァーを連れて行き、不死の恐ろしさを教えた。「科学」にも、生と老と死がある。科学も「ひと」が創るからである。科学の進化は、創造的破壊による「政権交代」の歴史である。ガリレイは地動説でもって天動説政権を倒し、ニュートンは万有引力でもってアインシュタインは特殊相対性理論と光量子仮説でもって、旧政権を倒した。技術も同じである。ワットは馬力から蒸気にエジソンは蒸気機関から電力へと、政権を交代させた。さて私たちは、いまの科学技術の政権を交代させるのだろうか。

「光とナノ：その矛盾を解く」

　Eric Drexler の著書「創造するエンジン：ナノテクノロジーの時代」が出版されたのが 1986 年。クリントン大統領のナノテク国家戦略の白書が 2000 年。どちらも夢物語であった。夢を現実にするために、いくつものブレイクスルーが必要である。光はその波長が長いためナノは見えないと言われてきた。本講演では、光の限界を超える夢の実現について話したい。「近接場分光学」「非線形分光学」「プラズモニクス」などの概念を、実際の最先端技術へと進化させ、ラマンイメージングや 3 次元光重合ナノ加工などの新しい分野を創出してきた歴史とその未来について語る。

「大学教授が起業し、そして儲ける」

　阪大名誉教授の森嶋通夫先生は「なぜ日本は行き詰ったか」を 2004 年に出版され、工学博士でジャーナリストの西村吉雄さんは

「電子立国は、なぜ凋落したか」を2014年に出版し、三重大の元学長の豊田長康先生は最近の日本の科学論文数の減少を分析されています。たしかに最近の日本は元気がない。ソニーやホンダ、パナソニックが生まれてきた時代は遠い過去になってしまい、新しい「もの」が生まれない社会になってしまいました。ガラパゴス化とは、一国だけの平和主義の鎖国文化と言えるかもしれません。そんな沈滞ムードを打ち破って、新しい会社や科学を生み出したいですよね。今回の講演では、

- ●なぜ大学教授が起業して儲けようとするのか？
- ●なぜ製造業なのか？
- ●なぜ大学発なのか、なぜ産学連携でなく中小企業なのか？
- ●なぜ阪大なのか？

をテーマにお話をして、皆さんと日本の元気ある未来を創る相談をしたいと思います。

8 よいタイトル・わるいタイトル

　この中級編では、招待講演あるいは依頼原稿を想定しています。招待講演のタイトルも、自分の講演を聴きに来てもらうためにはとても重要です。依頼原稿のタイトルも同じです。

よく見かけるタイトルに「○○の動向と展望」というのがあります。これは、ダメ。メッセージがありません。展望があるのかないのか、すでに十分流行っているのか、まだまだこれからなのか、その分野の未来はどこか、限界や問題があるのかないのか、伝えたいメッセージが見えません。**タイトルはメッセージを込めてつけましょう。**

学位論文のタイトルは、華やかではなくても読んでもらえます。しかし、**学会発表のタイトルは皆が聴きに来ようと思う華やかさが必要です。**日本人がつけるタイトルは漢字の羅列が多いのですが、外国人のタイトルには文章が多いです。たとえば、二光子光吸収を使ったナノスケールの微細加工についての解説は、

「二光子光吸収を用いたナノ微細加工」

ではなく、

「二光子光吸収でナノを加工できるだろうか？」

というタイトルをつけます。二光子光吸収とナノとは直接関係がないので、そのことを問題提起しているのです。もう少しメッセージを明確にするなら、

「なぜ二光子光吸収がナノ加工を可能にするのか：原理と実際」

としましょう。

　ラマン顕微鏡を知らない生物系科学者たちに生体内ラマン観察の研究の歴史をレビューした講演で、私は

「ラマン顕微鏡による生体内観察」

ではなく

「ラマン顕微鏡がバイオに使えるようになってきた」

としました。以下、このほか私が実際につけた文章や講演のタイトルです。

「光を止めるとプラズモニクスという分野が生まれた」
「プラズモニクスの限界とその向こう」
「プラズモニクスの常識と誤解」

コラム 18
「間」を恐れない

　講演に慣れていないと、言葉と言葉の間に「間」が空くことが不安になり、切れ目なくずっと話し続けようとします。その結果、語尾に余計な言葉がついてしまいます。

「……ということになります」
「……である次第です」
「……というわけです」

　などなど。文章を一文ずつ切ることができない人も多く見られます。「……です」と終わらせることができずに「……なのですが……」と続けます。「です」「ます」と断言すると間が空きます。それを恐れて言葉を継いでしまうのです。

　文章が終わらずに続くと、聞いている側は疲れます。間を空けることを恐れずに、文章を切ることをトレーニングしましょう。私自身、講演を録音して文字起こししたものを読むと、文章がつながっていて切れていないことをいつも反省します。

　英語は先に動詞が出てくるので、言葉の構造上このようなことにはなりません。日本語の場合は、言い切ることは断定することであるため、きつく聞こえるので、それを避けるために文章を続ける側面があります。「私はこう思います」と言うよりは、「私はこう思うのですが、」と続けたほうがやわらかく聞こえます。話に切れ目がない

と、会議においてはほかの人が発言を差し込むタイミングがとれず、議論が進みません。

コラム 19
一般向けの講演会に専門家が座っている？

　最近、サイエンスカフェや、大学や文部科学省が主催する一般向けのシンポジウムが多く開催されています。そんな会合での講演を頼まれたとしましょう。演台に立って正面を見ると、自分のライバルや自分の専門分野の方が座っておられかもしれません。定年退職されて時間のある元教授や元研究者が聴きに来てくださっているかもしれません。講演会を企画した世話人の方は、概ね専門が近い方でしょう。そんな場所で講演をするときは、専門家の聴衆を意識してしまいがちです。しかし、**専門家がその場にいることは意識しないようにしましょう。まったく専門外なのに聴きに来てくださった聴衆のために話しましょう。**これまでその分野に興味のなかった人に聴いてもらうことを意識しましょう。専門家向けに話をしては、一般の聴衆はわかりません。たとえ専門家が退屈したとしても、一般の聴衆向けに話すべきです。

　質疑も、専門から遠い人が自由に質問しやすいように誘導します。専門家からの細かい質問はほとんどの方にはわからない内容になるので、「あとで個別にお答えしま

す」と答えて、その方だけに別の機会にお答えすればいいと思います。幅広い層の聴衆がいる場合は、司会（座長）もできるだけ専門家以外の一般の方々からの質問を受けるように誘導しなければなりません。

コラム 20
司会の科学

　講演会が盛り上がるか失敗するかは、講演者よりも司会者の力量によります。司会者は聴衆のひとりではありません。MC（Master of Ceremonies）です。その会合の主人でありホストです。聴衆のひとりとして講演者の顔を見て、講演を聴くのではなく、講演をマスターとして仕切ってください。

　司会者は、聴衆の側に座っていてはいけません。聴衆の前に立ってください。講演者の側から聴衆の様子を見続けてください。

　もしだらだらと話す講演者がいて、聴衆が退屈している様子が見られたら、司会者は講演の途中でも割り込んで、わざと質問をしてその場の雰囲気を変えましょう。持ち時間を使い切っても講演者がそれに気づかないことがあります。講演終了時間が近づけば、司会者は立ち上がって講演者に声をかけてあげてください。聴衆にはその権限がなく、辛抱しているのです。司会者は全体への気配りが必要です。

質問時間を質問者に任せきりの司会者もいますが、これも司会者としては失格です。ほかに質問したい人がいるかどうか、常に聴衆全員の顔を見てください。質問したそうな人、手を上げそうな人を事前に見つけておいてください。講演者のほうばかり見て聴衆を見ない司会者にはこれはできないでしょう。

　質問はすべてを受けつけなくてもかまいません。**質問にストーリーができるのがよい司会です。**同じ質問の繰り返しはよくありません。しかし、質問やコメントに脈絡がなくひとりずつバラバラなのもよくありません。「お聴きしたいことが2つあります」という質問者には「できれば1つにしてください」と伝えましょう。2つの質問は、別々の内容であり、話がつながらなくなるからです。つながらない質問やコメントは、司会者権限で却下する場合があってもかまいません。「いまの質問に関連して議論を続けたいと思います、どなたか質問かコメントがありませんか？」とつなげてください。その内容を続ける価値があるかどうかは、司会者の判断であり権限です。

　ただし、誰も質問しそうにない場合もあります。あまりに偉い先生が講演すると、日本ではなかなか質問が出てきません。この場合は、2つ質問してくれる人も歓迎しましょう。講演者ではなく、聴衆全員を見て雰囲気を把握しましょう。

　私が世話人をしている会合では、話題提供者を前にして、参加者がロ（またはコ）の字に並べたテーブルで講演者を囲みます。参加人数は平均30人ぐらいで、ロの

字（四角形）の各辺に最大8人から10人程度が座ります。話題提供者が話し終わった後、私はロの字のなかに入って司会をします。なかからぐるっと周りを見ながら、質問する人にマイクを持っていきます。このような少人数の勉強会ではマイクはとくに大切です。司会者だけがマイクを持つことにより、皆がそれぞれ勝手に質問することを司会者がコントロールできるからです。

司会者は聴衆の雰囲気を把握して場をコントロールする

コラム 21
会議の科学

　会議の議長も講演会の司会者（座長）と同じです。日本の会議で多く見られるのは、一部の少数派と残り大勢のサイレント・マジョリティからなる二極構造です。強く繰り返し発言する一部の人の意見に司会者が引きずられて、マジョリティの意見が反映されないことが非常に多いと思います。他人と同じ意見を繰り返し説明する必要はないので、マジョリティは必ずしも多く発言しません。マイノリティだけが何度も発言します。

　この状況を正しく把握するために、議長はしばしばメンバー全員からの発言を求める必要があります。日本では、年下の議長が年長のメンバーに発言を求めることは失礼だと考えがちです。そこで、一部のクレーマーに会議が支配されます。民主主義が否定されます。

　アメリカで私が出席する会議では、物事を決めるためには必ず挙手ないし投票をします。Motion（動議）に対して司会者は「Any objection？」と尋ね、次に「Anybody seconds？」と尋ねます。そして司会者は「Say Aye」と賛成を求め、賛成者は「Aye」と声を出します。賛成者が多数なら「Motion moved」となります。

　日本の会議でも、ある程度議論が進んだあとは、採決をとるべきだと考えます。「反対者はいますか」「支持者はいますか」と両方を尋ね、その後採決をするのです。日本の会議が時間がかかり延々と続くのは、議長に権限が委ねられていないからか、議長が決を採るという責任

をとらないか、のいずれかです。とはいえ、挙手や投票で物事を決めるのは日本的文化のなかではなかなか受け入れられません。私はできるかぎり全員に発言を求めて、その分布にしたがって多数の意見を採用します。時間はかかりますが、これで決まります。議長は、一部のクレーマーに屈してはなりません。

参加者の意見を求める議長

9 文字のないスライド（ビューグラフ）

　プレゼンのコツがつかめたなら、次は**スライド（ビューグラフ）の中身を少しずつ減らしていきましょう**。緊張から少し開放されたなら、スライドに詳しい説明が書いていなくても、スライドの図（写真、グラフ、ダイアグラム、イラスト、式など）とあなたの話術で聴衆を惹きつけることができるはずです。そこでは、写真やグラフ、イラストなどが魅力的でインパクトがあってわかりやすいことが前提です。できるだけ簡単で意図がわかりやすい図とか写真であることが必須条件です。

　とくに1枚目のスライドは、聴衆のこころを"つかむ"切り札です。理想的にはその1枚だけでストーリーが組み立てられて、その1枚だけで30分の話ができればいいですね。**スライド1枚だけがベストのプレゼンです**。写真1枚あるいはグラフ1枚など簡単なものであり、研究のすべてを物語るスライドです。

　いずれにしても、**聴衆はあなたのスライドを見に来ているのではなく、あなたの話を聴きに来ているのです**。

例題 8　私のスライド

例1

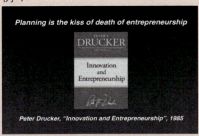

計画は起業家精神を殺す

例2

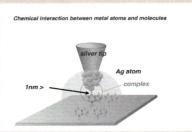

金属の針は観たい分子と結合するという説明

例3

大学教授は論文を書くことが最終目的ではなく、社会に貢献して初めて一人前ということを説明する講演でのスライド

例4

「ない」

科学研究や製品開発では、いろいろなものを組み合わせているのではなく、できるだけ無駄をそぎ落とすことが大切である、という講演でのスライド

例5

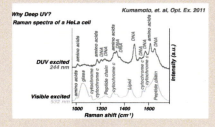

深紫外光の生態観察の重要性を説明する講演でのスライド。深紫外光を使えば可視光と異なって、生体内のDNAやタンパク分子が識別できることを実験データで示している

第4部

アイディアの科学

1 アイディア創造力を鍛える論文の読み方

　世に「論文の書き方」に関する本は数多あります。しかしながら、学生たちの論文を書く力はなかなか向上しません。なぜなのかを考えました。そしてわかりました。まだ学生たちには論文が読めていないのです。読めないから書けないのです。まず論文の読み方の話から始めましょう。

　私の研究室では毎週月曜の朝に、学生たちが論文を紹介するゼミを行っています。Paper Review Seminar とよんでいます。学生たちが、自分の気に入った学術論文や自分の研究テーマに関係した論文を読んで、皆に説明をします。ぼんやりと聞いていると、発表は立派に聞こえます。著者に代わって実験や理論、結果など、学術論文に書かれていることを細かく説明してくれます。

　ですが、私は気に入りません。彼らの発表から著者の顔が見えてこないのです。著者のこころが見えてこないのです。発表する学生のこころも見えません。

　論文とは「人」が書いたものです。そこには必ず書いた人の意志とか「こころ」があります。大発見に興奮して皆に伝えようとしているとか、論文を書かないと学位が取れないので未完成ながら書いているとか、ライバルよりも先に発表したくて急いで書いているとか、一連の仕事の途中結果として整理したものを書いている

とか、などなどです。著者には論文執筆の動機があり、読者へのメッセージがあるのです。しかし、このようなメッセージは論文中に露骨には出てきません。探してみましょう。

　著者に直接尋ねてみるのも、1つのやり方です。「あなたの論文をゼミで研究室の皆に紹介することになったのですが、どうしてこの研究をなさったのか、どうしてこの論文を書かれたか、お教えいただけませんでしょうか？」

　メールをしても返事はもらえないもしれません。面談の依頼をしても、受けていただけないかもしれません。著者がどの講演会で発表するかを調べて、押しかけてみるのもいいかもしれません。でもそれを実現できるケースはまれです。じゃあどうしましょう？

　具体的な研究内容は、論文を丁寧に読めばわかります。わからないことは著者の「こころ」です。なぜ著者はこの研究をしたいと思ったのか、その動機は必ずしも論文には書かれていません。

　では、この**著者のこの研究の動機を探してみましょう**。IT時代では、この調査はさほど難しいことではありません。論文の著者の素性を調べてみましょう。たとえば著者のひとりは、医学部卒業でお医者さんであることがわかります。そうすると、工学部の自分とは違った経験をしてきたことに気づくはずです。そして彼の動機とあなたの興味は共有できないという現実を知るのです。

　最近の論文は複数の共著者によって書かれています（そのことについて私は問題を感じていますが、ここではそれについては触

れないことにします)。そのときは、**それぞれの著者について詳しく調べましょう。誰がこの研究テーマを思いついたのか、誰がこの研究チームを構成したのか、誰がサンプルを用意したのか、誰が装置を作ったのか、誰が計算をしたのか、誰が実験をしたのか、などを整理しましょう。**

物理学の研究室と合成化学の研究室による共同研究か、理論グループと実験グループとの共同研究か、装置を持つグループとそのユーザー・グループとの共同研究か、電気工学とか計測工学などのエンジニアと物理、あるいはバイオのサイエンティストの共同研究か、なども知る必要があります。

もっとも重要なことは、誰がこの研究を思いついたかです。研究の主導者は英語ではPI(Principal Investigatorの略)とよばれて、論文の著者表記の欄で星マークがつけられて、Corresponding Authorとよばれます。個々の著者がどのようにこの論文にかかわったかが、最後に書かれている雑誌も多くあります。

PI(Corresponding Author)のこの論文以前とこの論文以降の研究人生を追ってみましょう。そうすると、この論文に対する著者の思い入れや、こころが見えてきます。

著者が、これまでもずっと同じ研究をしてきたのか、それともどんどん違うテーマの研究を進めてきたのかも調べる必要があります。すると、この論文の研究テーマが生まれてきた背景が見えてくることでしょう。それをゼミでみんなに紹介してあげてくだ

さい。

ほかの人が書いた論文を読むときに、その著者の動機やこころを知る努力を日常的に続けると、著者の発想力に近づけるかもしれません。論文に書かれている結果だけを勉強しても、アイディア創造力は鍛えられません。

人が研究をするのには、必ず動機があります。たとえば、道でうっかり転んだら、道端に新種の花を見つけたということがあったとしましょう。新種の発見は転んだことがきっかけです。立って歩く目の高さから見える世界と、転んで地面すれすれから見える世界は異なることを知ることでしょう。そして、それからは発見を求めて地面を這うようになることでしょう。

1980年代にDieter Pohlさんは、IBMのチューリッヒの研究所で光学の研究をしていました。その隣の研究室で、Heinech Rohrerさんがこれまでの電子顕微鏡とまったく異なる原理の電子顕微鏡（STMとよばれます）を発明しました。電圧のかかった針を試料の上で走査させる電子顕微鏡です。それは後にノーベル賞を受賞するのですが、光学の研究をしていたPohlさんは隣でそれを見て、光でも同じことができないだろうかと考えました。そして、ガラスの先端に穴の開いた針に光を通す顕微鏡を考えました。近接場走査光学顕微鏡の発明の経緯です。もしPohlさんが光学の研究者でなく、Rohrerさんが隣の研究室にいなければ、この発明は生まれなかったかもしれません。

第 4 部　アイディアの科学

　私が金属針を使った光のナノの顕微鏡を発明できたのは、たまたま私が金属表面に試料を近づけて計る光センサー（表面プラズモン・センサーとよばれます）の研究と、光の走査顕微鏡（共焦点顕微鏡）の開発研究を同時に行っていたからです。当時、まったく異なるこの2つの研究を同時に行っている人はほかにはいませんでした。さらに私は、Pohl さんの微小開口を走査する近接場顕微鏡に興味を持ちながらも、原理的な限界を感じていました。私は学生時代以来ずっと光学顕微鏡の空間分解能を向上させる研究に人生をかけて、いろいろな方法を提案していました。要するに、ほか人と異なる環境下にいたのです。

　私のその頃以前の研究論文を調べてみれば、私の動機とこころを知って、なぜ私がこの顕微鏡を発明できたのかがわかるはずです。著者の過去の論文を調べてみても、このようなアイディアが生まれるに至る必然が見当たらず、研究の動機が不明なときは、その著者が誰かの研究を真似たからか、すでに流行のテーマになっていたからだと思います。

　私の発明に、3次元のナノ光造形という研究があります。3Dプリンターの原理とも言えるアイディアです。数ミクロンの体長の牛をプラチックで作りました。2001年に『Nature』誌に掲載され、いまでも毎年100件以上の論文で引用されています。当時、私は3次元の光メモリの研究に熱中していました。DVDやBlu-rayが実用化された頃ですが、すでにその容量不足が問題に

なっていました。そこで光ディスクに情報を3次元記録する原理と技術を開発しました。競合は近接場メモリとホログラム・メモリです。3次元光メモリはフェムト秒レーザーという10兆分の1秒間だけ光が出る超短パルスレーザーと、立体角のきわめて大きな対物レンズを使うことにより3次元空間の1点にデータを記録します。当時、細胞のなかを見る3次元光学顕微鏡の分野において開発された技術の応用です。光メモリ開発者のなかには、私以外に細胞に関する研究をしていた科学者はいなかったので、その応用である3次元ナノ造形装置と3次元光メモリの原理を私が最初に発表できたのだろうと思います。

　科学とは人が創るものです。重力も微分方程式も光のトンネル現象も、ニュートンというひとりの科学者から生まれました。**先駆者がどうやって新しいアイディアを生み出したのかを知ることは、科学を学ぶ上での醍醐味です。得られた結果よりも、動機が大切なのです。**

　論文には、どんな装置を使ったか、どうやって試料を作製したか、温度や環境（液中、大気中、真空中）、測定時間などなど実験に関するデータが詳しく書かれています。それらを知ることはもちろん大事なことですが、なぜそんな装置を使ったのか、なぜそんな方法で試料を作ったのか、なぜそんな温度にしてそんな時間で実験したのか、そして**何よりもまずなぜそんな研究をしたのかを知ることが大切です。そこには著者の「こころ」があります。**「こころ」がなくて

は、科学も技術も生まれることはないのです。研究成果よりも先に、まずその発明・発見をした研究の動機、背景を知りましょう。

「研究室に来てみたら、光でナノを操る研究をしていました。そこには、レーザーが使われて金属ナノ構造が使われていました。細胞のなかからラマン散乱という光が出てくるのを検出する実験が行われています」

研究室に参加したばかりの学生は、自分の研究室についてたとえばこんな風に説明することでしょう。でも、これだけではダメです。研究の動機「なぜ」の説明がありません。この研究室では「なぜ」そのような研究が行われているのかを調べてみてください。論文を紹介するのなら、「なぜ」その論文が書かれたのかを調べましょう。

たとえば、千円札の野口英世さん。ガーナで行った黄熱病の研究が有名です。でもなぜ彼がそんな研究をするに至ったのでしょうか？

伝記に書かれています。野口英世は幼い頃に左手を大やけどしました。そのときにアメリカ帰りのお医者さんに手術をしてもらったことがきっかけとなり、のちに医者になりアメリカに渡りました。そして、黄熱病の研究をするためにガーナに渡り、そして自らも発病して亡くなってしまいました。子どもの頃には、その伝記を読んで感銘を受けたものです。

昔の人は、いろいろな科学者の伝記を読んで、科学者に憧れま

した。いまはどうでしょう？　有名な研究成果を学びますが、それを発明・発見した科学者自身の苦労話や人間性にはあまり関心がないように見えます。しかし、それでは発明・発見を創造するためのヒントを得られないでしょう。

　大学の授業も論文紹介と同じです。科学を教えるということは知識を教えることだけではありません。その科学を生み出した「人」とその「こころ」を教えてください。教授はWikipediaではありません。Wikipedia教授は、Wikipedia学生を生み出します。それでは科学を生み出す人がいなくなります。著者がどうやって科学を生み出したのかを学びましょう。

　これをトレーニングし続ければ、そのうちに科学を創ることができるようになります。科学のみならず、産業を生み出す、ビジネスを生み出す、サービスを生み出す、アートを生み出す、どの分野においても同じです。iPhoneやiPadの技術やアプリに詳しいだけではなく、スティーブ・ジョブズの発想法を学んでください。

　「こころ」のない論文はありません。もしあったならそれは読む価値がありません。論文とは人に読んでもらうために書かれたものであり、独り言ではないのです。

コラム 22
研究助成の弊害

「なぜ研究者になったのですか？」と聞くと、だいたいは「研究が大好きだから」という答えが返ってきます。「そうですか、どうぞお好きなように研究してください」と言いたいところですが、研究費が国民の税金ならそうは言えなくなります。自分の給料を節約して、それで研究をするのなら大いに結構です。家がお金持ちで、家のお金を持ち出して研究するのならそれも結構です。「進化論」のダーウィンは、自分の実家も奥さんの実家も資産家でした。会社や大学に勤めることなく自由に研究をすることができました。

しかし国民の税金を使うなら、納税者が納得する研究、とくに国民の役に立つ研究であることが国によって求められます。しかし、実用化研究ばかりでは本当に優れた成果は生まれない、基礎研究が大切であると研究者たちは反論します。

大学教授の場合は、研究者である前に学生に授業をする教育者です。教育が本務ですから教育に必要な経費しか大学から支給されません。研究予算は、個人個人が国に研究助成費（科学研究費：科研費とよばれます）として申請します。科研費が採択されてはじめて、研究が始まるのです。研究成果が出れば、学術誌に発表します。しかし科学研究とは、いつも成果が出るわけではありません。大きな成果、発見や発明は人生で数回しか生まれません。一度も生み出せないままの人たちも大勢います。

成果が出なければ発表することができません。論文発表がなければ、教授に昇進することはできず、教員にもポスドクにもなれません。学位も取れません。

　科学者として出世するためには研究成果が必要です。学位を取得し、ポスドク、助教、准教授、教授と昇進していくためには、常に助成費を稼ぎ続け、常に成果を挙げ続けなければなりません。

　このようなしくみの結果として、世のなかには科学にも社会にも貢献しない研究とそれをまとめた論文が溢れかえります。これを排除するために、社会に役に立つ研究に集中的に助成費は配分されて、助成費を得たかぎりは提案した計画通りに成果を出すことが求められます。

　しかし、その研究が本当に計画通りに進んで社会に役に立つかどうかは、申請時にはまだわかりません。もし初めからわかっていれば研究する必要はないのです。

　そこで、多数の研究者（概ね同じ分野の専門家たち）に厳しい審査をお願いします。審査は二重、三重に繰り返します。それでも、研究を始める前から成果が出るかどうかの判断は難しい。

　この矛盾を解決する答えは、申請されている研究内容を審査するのではなく、申請人の「こころ」「動機」を見抜くことです。この人はなぜ研究費を申請しているのだろうか、この人のこころはどこにあるのだろうか、もしかして、論文数を稼ぐためか、など、具体的な申請計画の裏にある申請者の「こころ」を解読するべきです。論文の読み方と同じです。

> 　日本には経済産業省から企業への助成費もあります。大型プロジェクト（大プロ）とよばれています。経済自由競争の原理に反しているとして、アメリカなどから批判され続けてきました。1社ではなく業界全体で助成費を受けるので、談合社会を生む温床にもなりました。
> 　このような助成費による研究は、自社の予算（売上からの予算）を使わずに行うのですから、企業の真剣さは低くなります。助成費目当ての研究は、本当に必要な研究開発テーマから企業を引き離してしまいます。間違った予算配分だったと思います。日本企業の国内だけの談合・ガラパゴス的製品開発は、このような国が配分する研究予算のしくみに問題の一因があると思います。助成費頼りの談合社会は、日本の技術者がアイディアを生み出すことを阻害していると思います。

2　まねからサイエンスは生まれない

　学生のうちは、先人の英知に学んでたくさん人まね・猿まね・猫まねをしてほしいと思います。子どもたちが口まねをして言葉を覚えていくように、徹底的にまねをしましょう。子どもたちがまねをしきれずに、大人にそれを直してもらって少しずつ学んでいくように、学生時代はたくさんの本を読んで論文を読んで、先達に学びましょう。たくさん間違って先生に直してもらってくだ

さい。これをプラクティス（practice：練習）と言います。英語もテニスもバレイも音楽も、そして学問もプラクティスから始まります。

しかし、いつかはそこから卒業しなければなりません。いつまでも子どもでいるのではなく、大人になる日が来るのです。そうなったら、もうまねはダメです。プロの音楽家になるまではしっかり先達の音楽を学びますが、プロになった日からほかの人の曲を少しだけ変えて曲を作ったのでは盗作です。デザイナーもオリジナルなデザイン以外は盗作です。微妙な盗作をしてしまう人は、アマチュア時代にプラクティスをする際、適当に自己流にアレンジしていたのではないでしょうか？　適当なアレンジはダメです。オリジナルな作品への侮辱です。中途半端なまねをする癖をつけてはいけません。

科学の世界、学術論文の世界もまったく同じです。**教授たちがこれを学生にプラクティスの段階で、適当な工夫やアイディアを求めます。学生たちは、オリジナルと微妙な改良の区別ができなくなり、盗作あるいは改竄、あるいはそれらのギリギリの研究がなされ、危ない論文が投稿されてしまいます。**

２つの研究を組み合わせる手法があります。これは盗みあるいは改竄を二重にすることで、とても罪深いと思います。**新しい科学を生み出すということは、まずは人の研究を完全にまねて、科学を学んだあとは決して人のまねをしないということです。**

3 カッコイイ研究

　アイディアを生み出すときに犯す最大の間違いは、他人を意識して流行に乗っかることです。市場調査や動向調査はコミュニティの平均的な発想（それを流行とよぶ）は把握できますが、平均的な発想からは未来を予測することはできません。**オリジナルな研究とは誰も思いつかない研究です。平均的発想から世界に1つのオリジナルな科学やオリジナルな製品やサービスが生まれることは、ありません。新しいアイディアは流行の動向調査からではなく、個人の頭から生まれます**。国の重点的科学技術分野も企業内の市場調査や技術動向調査は世のなかの流行を調査するので、ありきたりなテーマしか出てきません。どの会社の調査結果も同じになります。

　世のなかにない新しい製品やサービスを生み出す会社は、流行を追わず、流行を生み出します。奇抜な製品開発の決断は個人の発想に委ねられます。ウォークマンを成功させた盛田昭夫さんも二股ソケットの松下幸之助さんもiPhoneのスティーブ・ジョブズも、みんなその会社のオーナーであって創業者です。だから決断できたのでしょう。サイエンスの世界ではビジネス以上に、もっともっと個人の発想が大切です。流行っていない奇抜な研究をする決断が必要です。

　人の研究をまねずに新しい科学を生み出すことは、簡単なこと

ではありません。だからこそ、誰でもが科学者になれるわけではないのです。その厳しい事実を受け入れなければなりません。現在私がかかわっている学会は年2回の年次大会（4日間）で、それぞれ数千件の論文が発表されます。それが毎年2回です。そんなにたくさんの新しい発見や発明があるのでしょうか？　音楽業界においては、かぎりなく新しい音楽が生まれ続けます。ビジネス界でも新しい商品やサービスが次々と生まれます。そのなかに、本物の科学、本物の音楽、本物の製品やサービスを見つけ出さなければなりません。そのためには、発明人のこころを読む力が必要です。ビッグデータとかAIとかデータマイニングは、くだらない技術や論文をプレスクリーニングするのには役立ちますが、本物の科学を見つけ出すことはできません。

　参考文献が少ない論文も、私にとってカッコイイ論文です。引用する文献がない研究というのは、オリジナルだと言うことの実証です。

　先に述べたように、組み合わせの研究もダメです。誰にでもできてカッコよくない。大型研究施設や大型予算を使う研究もカッコよくありません。世界で1台しかない装置を使って結果が出たという論文は楽しくない。それは装置がカッコイイのであって、研究が優れているのではありません。**カッコイイ研究とはお金や高価な装置を使わず、共同研究者やスタッフも使わない研究です。**ニュートンもアインシュタインも大した金も共同研究者もスタッフも高価な装置も使わず、微分方程式や相対性理論を生み出しま

した。いまの日本は科研費を多く稼ぐ人、チームメンバーを多く抱える人、大型設備を有する人が優れた科学者だと理解する風潮がありますが、それは間違いです。それだけ揃っていれば研究成果が出て当然でしょう。金もなくスタッフもおらず、設備もないのに研究成果が生まれる、そんな科学者が私はカッコイイと思うのです。

4 流行を否定するところからアイディアが生まれる

　流行りのテーマばかりを捜してそれを追っかけ、まねようとする人は、互いに同じような結果しか得られません。**流行はまねるのではなく、創りましょう。**

　流行の生み出し方は簡単です。流行ってないことをやるのです。いま流行っていないから将来に流行る可能性があるのです。とは言え、流行っていないテーマというだけでは、万とあり絞りきれません。そこで、**流行りと逆向きのこと、流行の否定から考えてみましょう。これが私のアイディアの科学の基本です。**

　たとえば、いまエコカーとしてハイブリッドカーが流行っています。私ならまずこれを否定することを考えます。

　ハイブリッドカーは、エンジンとモーターの2つの動力源を持っ

ているのできわめて不経済、エコでないと考えてみます。燃費が安くても機械は高くつきますし、製造コストも高い（国からの助成がなければ誰も買わないでしょう）。ガソリンを給油し、しかも電気を充電します。バッテリーのせいでこれまでの車よりはるかに（5割程度）重い。エコではありません。エコにするなら動力源はどちらか1つにすべきです。燃料はディーゼル（軽油）にすれば燃費もよく、リッターあたりの軽油の価格はガソリンよりも数割安いです。電気だけの電気自動車もエコです。ハイブリッドは「反エコ」と考えます。

　そこで逆に、電気と軽油以外の動力源を考えてみましょう。たとえば、自転車。自転車にはエンジンもモーターもありません。自転車のような自動車ができたら、と夢見ます。自転車の弱点はバランスのわるさです。じゃあ転ばない、倒れない自転車を開発すればよいのです。そこに開発要素が生まれます。日本のロボット研究の流行は、人間に似せたロボットを作ることです。2本足で歩くロボットです。しかし、自転車ロボットは開発しません。2輪車なのに倒れない自転車ロボットを開発すればいいと思います。しかし、日本ではハイブリッドカーと人間に似たロボット研究ばかりが流行るのです。

　ハイブリッドカーにエコ減税が導入されたとき、私は車通勤をやめて自転車通勤にしました。自宅からオフィスまで車で25分ですが、自転車でも25分です。スポーツをする時間のない私に

第4部　アイディアの科学

は自転車通勤はとてもよいエクササイズです。

　明石大橋が完成したとき、皆は素晴らしいと感激しました。私は不満でした。原理も形も80年前に完成したゴールデンゲートブリッジと変わりません。祖谷のかずら橋とも変わりません。単に巨大化しただけです。せっかくの新しい建築設計のチャンスに、単に巨大化させるだけでは楽しくありませんし、大きなコンクリートの塊が海と対岸の環境を破壊します。

　私は、浮力を利用して海中に浮くチューブのトンネルを作ったらどうかと提案しました。海底の地下に穴を掘るトンネルは大工事ですし、地震が心配です。海中のチューブは地震でも壊れることはないでしょう。この橋はアルキメデスの橋といって、昔からある考え方だそうです。ただしこれを実現するためには、潮流のなかでも水漏れしないチューブ材料の開発が必要ですし、海流の研究もしなければなりません。しかし、このような困難を克服して新しい橋を作ろうとするところに新しい科学と技術が生まれるのです。科学だけではなく、土木建築技術や、材料工学、海洋工学、サービスなどなど新しい産業の種がたくさん生み出されることでしょう。透明なチューブが実現できたら自然水族館です。私のこれらの考えは、残念ながら専門家集団に一蹴されました。

このように、流行や主流にあえて否定をして、答えを探そうと思考を巡らせてみると、ほかの人にない新しいアイディアや研究テーマが見えてきます。

私がかかわっていた近接場光学顕微鏡の分野では、探針にいかに小さな孔を開けるかが研究の主流でした。しかしどんどん孔を小さくした結果、光が出なくなります。皆が小さな穴を開けることに熱中していたときに、私は穴のない金属針を使うというアイディアに辿り着きました。

　テラヘルツ波という長い波長の光の研究が流行しています。私は長い波長の光を制御したり、活用することは簡単で面白くないと考えて、逆に短い波長の光、深紫外光の研究を始めました。

　皆がこぞってやっている流行の研究の逆の方向に進むことが大切です。流行ではない分野にこそ、新しいアイディアを受け入れる土壌があるのです。

5　三題噺

　「三題噺」は、寄席で客席からたくさんの題目を出してもらい、そこから３つの題目を選んで即興で演じる落語です。創作落語の範疇ですが、時代背景が現在ではなくてオーソドックスな古典落語に仕立て上げられます。

　選ぶ３つの題目は「人の名前」「品物」「場所」など違ったカテゴリーから選び、最初に全部使うのではなく、できるだけ分散さ

せてしかも必然的に出てくるのがカッコイイのです。3つのち1つは「下げ」（オチ）に使うというルールがある場合もあります。これは相当に頭の切れる噺家しかできません。三題噺から古典落語になった例もあり、三遊亭圓朝さんはこれを得意としていました。

　このやり方は、落語のみならず小説や映画などのストーリーを作るときにも大変役立ちます。話題に広がりを持たせることができるのです。そして、サイエンスにおいて新しい研究テーマを考えるときにも、役に立ちます。私は実際にこれをやっています。

　3つの題目は異なる座標から選びます。1つ目が「原理：たとえば非線形や原子間力、共鳴」なら、2つ目は「材料：たとえばナノカーボンや希土類、化合物半導体やミトコンドリア」そして3つ目は「数値：1nm、femto秒、1GHz」などです。できるだけ予想外の組み合わせが面白いでしょう。

　私は、よく、学生に夢を3つ語りなさいと問いかけます。すると、たとえば「お金持ちになる」「大きな家を買う」「家族と幸せに暮らす」という3つの答えが返ってきます。これらは一見別々の夢に思えますが、3つの夢は同時に実現できます。「お金持ちになって、大きな家を買って、家族と幸せに暮らす」という1つの夢しか語っていないのです。夢を3つと言うなら、1つ目は「経営者としてお金持ちになって、大きな家を買って、家族と幸せに暮らす」2つ目は「1日中好きな本を読んで、仕事もせずにしがらみにと

らわれることなく自由に暮らす」3つ目は「バックパッカーになって、世界中を放浪して生きる」と提案してみましょう。これらは同時には実現できません。3つの異なる夢です。

同時に実現できそうなことをいくつ組み合わせても、新しいアイディアは生まれません。同時に実現できそうもないことを並べて考えるところに、新しいアイディアが生まれるのです。

同時には実現できない3つの夢も、実は実現することができます。月曜日から水曜日は会社に行って仕事をしてお金を稼ぎまくる。木曜と金曜は家族とは別の場所に隠れ家を持って、そこで本ばかり読んで暮らす。そして1年のうち3か月はバックパックを背負って外国中を旅する。こうすれば、先の夢は叶えられます。新しいライフスタイルです。不可能な組み合わせからアイディアは生まれるのです。

学生に組み合わせたい3つの研究テーマを挙げてもらうと、たとえば、「近接場光学」「非線形光学」「時間分解光学」と並べてきます。これらはすべて「光学」がついています。近接場光学はナノスケールの光を作り、非線形光学は高パワーのレーザーを使い、時間分解光学は短時間の現象を特定する。光学分野の専門家であれば、誰でも思いつきそうな話です。これでは新しいサイエンスは生まれません。**誰もが思いつきそうなところにはサイエンスの種は転がってはいないのです。**

6 待つということ

鷲田清一さん（元・大阪大学総長）に『待つということ』という本があります（毎日新聞社刊）。はじまりは、

『待たなくてよい社会になった。待つことができない社会になった』

です。科学や技術は期限に追われて気ぜわしくやっては、決してよい成果は生まれません。「科学を創る」ことは「待つ」ことだと思います。農業のようなものです。

農業の世界では、種を蒔いたらそのあとは何日も何か月もじっと待ちます。日照りには水をやり雨の日は排水をし、雑草が生えてくればそれを取り除き、ひたすら待ちます。待つ間に、いつの日か芽が出ているのを見つけます。出てこないかもしれません。それでもひたすら待つのです。イライラしてはいけません。たった1日で実はなりません。じっと待たなければなりません。無理やり育てようとしてもうまく育ちません。植えた種のなかからいくつかに芽が生えてきて、そして実がなるのです。科学の育て方も同じです。

科学を創るということは、待つということです。

私が研究室で、長年言い続けてきていることがあります。

「毎年毎年、論文を書かなくてもいい」

「毎回毎回、学会発表しなくていい」

そんなふうに言い続けると、論文をまったく書かない人が出て来るかもしれません。好ましいことではありません。しかしそれは本人次第です。科学者は論文を書くために研究をするのではありません。発表するために研究をするのでもありません。まだ芽が出ていないのに、土を掘り起こしてはいけません。芽が出ることを信じて、辛抱して待ち続けましょう。

「焦り」は禁物です。「焦り」は科学の最大の敵です。

だけども、ただ待つことは辛い。だからその日が来るまで忘れていればいいのです。

「科学を創る」ということは「忘れる」ということでもあるのです。

記憶は科学にとって邪魔です。「過去」の記憶は「いま」の判断を誤らせます。成功体験とか失敗体験は今の感覚を鈍らせます。あのときといまは違うのです。

私は幸か不幸か、記憶力が著しく乏しいです。過去に勉強したことは、簡単にすっかり忘れてしまいます。いつもはじめから考え始めます。前にわかったはずのことが今度はわからなかったり、かつてあたりまえだと信じていたことを、いまはおかしいと感じて悩みます。自分で書いた本の内容すらしばしば覚えておらず、そのなかの式をどうして導出したのかがわからなくなります。ゼミやミーティングでは「ちょっと待って」を連発して、周りの人に迷惑を掛けます。

研究のテーマ選びに悩んだり、研究に行き詰ったときには、努力をしても答えは見えてきません。一度頭を切り替えましょう。原稿を書くのも同じです。「明日までに書け」と言われたってすぐには書けません。「いまここで書け」と言われても無理です。**追い詰められたら、研究や原稿のことは忘れましょう。ほかの仕事などの日常生活をしていると、そのうちふとアイディアが降りてくるのです。そのときまで待つのです。**

待つことができない人からは、素敵なアイディアは生まれません。ただ、じっと待っているのではありません。こころに余裕を持って生活をすることが大切なのです。一度研究を忘れ、別のことをしているうちに、ふとアイディアは降りてきます。でも注意深さが足りない人は、降りてきたことに気がつかないでしょう。**アイディアはすべての人の前に降りてきます。それを掴むには、こころの余裕とチャンス見逃さない洞察力が必要です。**大型研究予算の獲得や大型設備の導入、多数のスタッフの確保、インパクト・ファクターの高い雑誌への掲載に躍起になっていては、こころに余裕がなくなり、もっとも大切なサイエンスを生み出す創造力・発想力を失ってしまいます。

コラム 23
「未決」と「既決」（Evernote と Dropbox）

　会社や役所の管理職の机には、ふつう資料を整理する箱が２つか３つ置かれています。そこには「未決」「既決（あるいは決裁）」「保留」と書かれています。管理職の仕事のほとんどは、秘書や部下が持ってくる書類の山をこの2,3個の箱に分けることです。書類に印鑑を押して「既決」箱に入れると、秘書がそれをどこかに持って行く。判断できなければ「保留」箱に入れるか「未決」箱に残す。

　私の場合は以前は表紙が青いファイルと緑のファイルの二種類に資料を分類して持ち歩いていました。ブルーのファイルには今後の講演会や会議などの招待状や議事のコピーが日付順に重ねて束ねられていました。それらはいまでは Dropbox の blue file という名のフォルダーに電子ファイル化して入れています。ファイル名は講演会や会議の開催される年月日を最初につけます。したがって、名前順で整理すれば日付順に並びます。会議や講演会が終わると blue archive というフォルダーに移します。

　もう１つの緑のファイルには、これから開催される予定の講演や会議の準備資料や執筆中の原稿のコピーが整理されて入っています。いまでは Dropbox の green file という名のフォルダーに整理されています。講演スライド、原稿、会議書類、推薦書などです。作業が終わると、これらもまた別のフォルダーにアーカイブします。「未決」「既決」と同じです。私は阪大のオフィス、理研のオフィス、自宅そして持ち運び用の計 4 台の Mac と iPhone と

iPad のどこからでも、Dropbox の cloud storage にアクセスすることができます。ファイルをなくしたり落としたり持ってくるのを忘れるという心配から解放されました。

　長年使ってきた A6 サイズの手帳も、その役割のかなりを Evernote に取って替わられるようになりました。移動中のちょっとした思いつきのメモや会議中のメモや写真は、Evernote に書き込みます。いまでも A6 判の手帳を肌身離さず持ち歩いていますが、Evernote は落とす心配や持ち忘れの心配がなく、重宝しています。

　とくに日経新聞はどんな記事でも簡単に Evernote に保存することができてとても便利です（電子版の購読者だけへのサービスです）。iCal もとても便利です。未来の予定だけでなく、過ぎたことも記録として書き込みます。それらは、後日簡単に検索できます。あのときに○○さんと一緒にいらっしゃった人に連絡したいとか、あのときの会議の会場を見つけたい、というとき簡単に検索できます。

　学生やスタッフとのやりとりは LINE が必携です。相手のアドレスを探したり打ち込むことなく連絡できるし、それまでの会話がそのまま残ります。

　私は IT に使われてはいけないと、いつも考えてきました。講演のストーリーも紙に描き、手帳を使ってきました。キーボードを使ったり、お絵かきソフトを使うより、そのほうが圧倒的に速かったからです。仮名漢字変換をしていては、こちらの思考のスピードについていけません。

しかし、最近ではIT技術の性能は飛躍的に向上しつつあります。スティーブ・ジョブズはキーボードを嫌い、タッチパネルを実用化しそして音声入力（Siri）の開発を進めていました。そしてついにSiriはキーボードより賢く早くなりつつあります。ITの何を活用して何を否定するかは、アイディアの創出にプラスも妨げにもなるのです。

英語の科学
―発音は下手でも通じる―

1 語学は努力ではなく、科学である

　私は中学・高校の間、英語が苦手でした。先生にあてられるのがとても嫌でした。その結果、6年間の英語の勉強はまるで身につきませんでした。

　日本人の英語については明治以来、数かぎりない書物が出ていますが、100年以上、まったく解決していません。これはすごいことです。こんなに真面目に努力する国民が、6年間英語を一生懸命勉強しても、誰も満足に話せない・聞けない・書けない・読めないなんて、日本の英語教育学者の責任はきわめて重いと思います。

　「小学生から英語を教えたい」と言った文部科学大臣がいました。その気持ちは理解できます。中学から語学を始めるのでは遅い、鉄は熱いうちに打て、でしょう。しかし、これこそが日本人に英語を話せなくしてしまう間違った教育方法そのものです。中高6年間の英語の苦しさを、小学校にまで広げて、英語苦手の人口を増やすだけです。そんなことをしても、小学校の先生や児童がかわいそうなだけです。

　それよりも、中高6年もの長い間、英語を勉強してなぜ日本人が英語を話せないかを科学的に解明し、教育方法を根本的に変えるべきです。

以前、私は阪大フロンティア研究機構という組織で「努力せずに、英語が6か月で話せる方法を、科学的に開発する」という教育工学プロジェクトを立ち上げました。このプロジェクトを立ち上げたきっかけは、10年ほど前にオックスフォード大学の大学生がわが家に1か月ホームステイしたときの、私の経験によります。

　彼は、わが家に来るなりいきなり日本語で話し出しました。平家物語がどうこう、日本の教育がどうのこうの、もちろん下手な日本語ですが、すばらしいボキャブラリーと表現力をもってしっかり話しました。

　私は大ショックを受けました。彼が日本語を始めたのはそのわずか半年前のことで、彼はそれまで日本語や日本について勉強したことはなかったそうです。シェフィールド大学で6か月、日本語教育を受けただけでの来日でした。彼以外の留学生もまた、見事に日本語を話し、聞くことができました。なぜ、私たちは6年も勉強したのに英語が話せず、彼らはわずか6か月で日本語を話せるようになったのでしょうか？

　語学とは努力ではなくて、科学です。最小の努力で最大の結果をもたらす語学教育の科学的な研究が、日本には欠如しています。ここでは、今も英語が苦手な私が習得した英語の科学を説明します。

2　5分間の丸暗記

　日本の英語教育では、1つの文章に対して、その主語や目的語、時制などをいろいろ変化させて、繰り返し練習させます。「I have a pen.」「I have an apple.」「I have an orange.」「I have a book.」「You have a pen.」「You had a pen.」‥‥‥といった具合に、です。

　でも私は、それよりもリズムのあるもう少し長めの文章を一文だけでもいいから、そのリズムからアクセントまでを完全に覚えるほうがいいと思っています。そのほうが、英語を話せるようになると思います。

　俳句をさまざまな単語を置き換えて作る練習をするのではなく、有名な句を少しだけ諳んじられるほど覚え込むのと同じです。そのほうが、俳句を作れるようになるような気がします。方丈記などの古典や夏目漱石などの現代小説も、その出だしの言い回しを覚え込みます。そうすることによって、文章が書けるようになるのです。

　学習とは、パターンをさまざまに変化させて練習するのではなく、かぎられたパターンだけを繰り返し練習することです。テニスの壁打ち、野球の素振り、絵画のデッサン、すべてそうです。

　人を含む動物の脳は、学習しながら神経回路網を形成していくと言われています。英語で言うニューラル・ネットワークです。

同じことを繰り返すうちに、神経回路が形成されるのです。主語や述語、時制や単複をコロコロ変えていては、神経回路は確定できません。

　どうして、英語教育だけがこの学習法をとらないのでしょうか？野口悠紀夫さんも教科書の本文を丸暗記するのがいいと言っています（『「超」勉強法』、講談社、１９９５年）。たくさんの応用問題をこなすよりも、１つでもいいから有用な英語の文章を暗記するほうが、実は負担も少ないと思います。そして、そのほうが応用性も高いのです。たくさんのバリエーションを練習しても、いろいろありすぎて何も身につきません。科学の原則は、物事を簡単化し、覚える量を最小にすることです。たくさんのパターンを同時に練習するより、一種類のパターンを学習するほうが、科学的だと言えます。

　すでに日本語認識用に形成された大人の脳のネットワークのなかに、新しい言語を認識させるための神経回路網をもっとも効率的に努力せずに作るためには、はじめて言葉を学ぶ幼児とは異なる学習法の科学研究が必要です。

　榊原陽さんが始められた「ヒッポファミリー」の多言語同時学習法は、まさにこの１つの文章を丸暗記する学習法の実践です。

　いろいろなパターン変化は要りません。１つの文章だけを覚え抜くのです。理化学研究所顧問の丸山瑛一先生に連れて行かれて目にして耳にしたヒッポファミリーの教育法の効果は衝撃的でした。行っ

たことのない国の言葉を、受講生たちはペラペラと話すのです。いろいろなことは言えない、でも教材テープに録音された5分の自己紹介を、ネイティブスピーカーとまるで変わらないアクセントで話すのを聞いて、私は「これだ」と思いました。**5分のスピーチの暗記が、6年間の中高の英語の勉強より有効だったのです。**

3 外国人と仕事をする

　暗記力の弱さと勘のわるさによる私自身の語学の苦手さはいまも相変わらずですが、私の研究室ではすべてのビジネスを英語で行っています。公用語は日本語ではなく英語です。研究室にはインド人、オーストラリア人、中国人、フィリピン人、ベトナム人、韓国人、ドイツ人、フランス人、イタリア人、メキシコ人、チュニジア人、モロッコ人などなど、さまざまな母国語を持つ人たちが教員や研究者、学生として在籍しており、ほかにもさまざまな国の研究者や学生が入れ替わり立ち替わり滞在するので、日本語では研究室の運営はできないのです。

　会議に参加しているのが全員日本人の場合は、当然日本語で行います。しかしひとりでも日本語の不自由な人がいたら、その人が議論に参加できないので英語になります。そんな環境にいて学

生は1年も経たないうちに、英語を話し始めます。もともとナノテクノロジーの分野は新しい言葉ばかりで、日本語訳がないのです。議論に必要なサイエンスや研究予算の話だけしか英語力がないのですが、それだけでも文法やヒアリングや発音は身につきます。アメリカに語学留学するよりはずっと効果的だと思います。

　私は、生きていくのに必要なことを英語で学ぶのが、一番効率的な英語習得法だと思っています。中学・高校でも、英語を英語で勉強するのではなくて、自分が勉強したいほかの科目、たとえば数学や理科、社会、音楽などを英語で勉強したほうが、英語が身につくかもしれません。

　以下では、私がささやかな経験で体得した英語習得のポイントをいくつか紹介したいと思います。

4　子音よりも母音

　日本人は基本的に子音を聞いて言葉を理解しますが、英語は母音を聞くべきではないかと思います。日本語は子音で決まり英語は母音で決まるのではないでしょうか。

　極端な例ですが、アメリカで「ボブ（Bob）」とよびかけると、「トム（Tom）」や「ジョン（John）」が振り返ることがあります。

第 5 部　英語の科学

　日本人にはボブとジョンでは全然違うのですが、どちらも両方母音が o（オウ）で、アメリカ人が子音より母音を聞いている証拠です。

　英語を聞いて理解しようとする場合には、とくに母音に意識を傾けなければなりません。ＬとＲの違いやＦやＴｈの発音の練習よりも、子音よりも母音を言葉の中心に置くことの訓練が必要だと思います。

　話すときも同じです。子音よりも母音を正確に発音することが大切です。そしてそれは簡単ではなく、学校で英語を勉強しただけの人たちには母音の正しい発音ができません。

　英語の母音には短母音と長母音があります。これをしっかり使い分けることが必要です。日本語の標準語（東京弁）には、長母音がなくて短母音のみです。外国人にとって一番難しい日本語は、「おじいさん」と「おじさん」、あるいは「おばあさん」と「おばさん」です。一度声に出して発音してみてください。日本語のお「じい」さんとお「じ」さん、お「ばあ」さんとお「ば」さんのそれぞれの長さの差は、外国人にとって聞き分けられないほど短く、多分１秒以下です。アメリカ人にわかってもらうためには、「おじい～いさん」「おばあ～あさん」とすごおお～く長く伸ばす必要があります。

　これができるのは、関西の人です。関西弁は母音が単独になると長母音になります。アメリカ英語で「a」が単独だと「ア」では

なく、「エーイ」と長くなるのと同じです。関西弁では「目」「芽」は「めええ」です。「気」「木」は、「きいい」です。ただし音程は異なり、「き―い―」「き―い／」となります。中国語の四声と同じですね。関西弁は抑揚があり、リズムがあります。

　通じる英語を習得するためには、まず関西弁を学ぶことをお勧めします。本気でのお勧めです。絶対有効です。母音の長さに加えて、音程の幅の広さも関西弁の特徴です。一方、標準語は音程がフラットで、子音中心です。一般に北に行くほど寒いので、口を大きく開けず、その結果、子音が中心の言語になるのだと思います。東北の人は、関西弁も英語も苦手かもしれません。アメリカでも南部はより母音中心であり、東海岸やイギリスではその程度が弱まります。

5　英語はリズムとイントネーション

　長母音の活用（恥ずかしがらず、できるだけ長く引っぱって発音する）を習得するためには、先に触れたとおり関西弁の勉強が役に立ちます。標準語では、「なぜ？」と一瞬で言ってしまうのに対し、関西弁の「なあんでえやねえん」は、4秒かかります。音域も「なん」が低く、「でえ」が高く、「やねん」が低く短い。

母音を意識することはイントネーションを意識することにつながっています。単語を覚える際には、そのリズム、イントネーションを完璧にマスターすることが必要です。たくさんのバリエーションより、1つの文章をその国の人らしく話す練習が効果的だと思います。

　しかし、イギリス英語とアメリカ英語ではリズム、イントネーションが違います。私の名前「さとし」をイギリス人は、「サートシ」、アメリカ人は「サトオシ」と言います。自動車のトヨタを、イギリス人は「トーヨタ」、アメリカ人は「トヨオタ」といいます。マツダは、イギリスでは「マツダ」、アメリカでは「マアツダ」です。長母音の長さも、アメリカのほうがずっと長い。オーストラリア英語は早口で、発音が不明瞭に聞こえます。中国人は語尾が不明瞭で、インド人は文字通りに発音します。大阪弁の人が英語を話すと、明らかに大阪弁風に聞こえてしまうから不思議です。

6　LとR、kとqu、uとw：長子音と短子音

　先にLとRの識別は長母音と短母音の識別ほど大切ではないと述べましたが、これらの識別も私は長さの違いで行っています。「Light」と「Right」を比較すると、Lightは短めに「ライト」、

Right は長めに「ラアイト」と発音します。苦労して舌を前歯の裏につけたり巻き舌にしたりしなくても、長さを調節するだけでもよく通じます。**母音と同様に子音にも長さの違いがあります。Rは長子音、Lは単子音です。**

　単語の途中ではもっと顕著です。私は、英語がネイティブの友人に Derby（競馬）、Irvine（カリフォルニア州の都市名）といった言葉の発音がいいと、たまに褒められます。私の「R」の発音はひどいはずなのですがそう言われるのは、多分私は R の発音を長く伸ばすからかもしれません。Derby は、文字にするならば「ダアアビー」と、Irvine は「アアアバイン」と発音します。長さがあると、結果的に舌を巻く時間的余裕もできます。

　子音も母音と同様、長さをコントロールしましょう。インド人は、Irvine を「イルビン」と発音します。単語のスペルそのままの発音でアメリカ英語の発音とはまったく異なるのに通じるのです。

　「r」がしっかり聞こえると言うことなのでしょう。一方、日本人の Irvine の発音はいかに舌を巻き込んでも「r」が短すぎて、アメリカ人には「r」抜けの「アバイン」と聞こえてしまいます。2音ぐらい長さを足すイメージで「アアアバイン」と発音してみてください。「おばあさん」ではなく、「おばああさん」です。きっと通じます。

　妊婦服は Maternity wear ですが、アメリカの百貨店で「マタニティ」ウエアの場所を尋ねても、通じません。「マタアアアニティ」

と、伸ばします。

　kとq（またはqu）の違い、uとwの違いも、まずは長さだと思います。口をすぼめるより前に、まずは長さを十分にとるのがいいでしょう。Quantum theory（量子理論）は、カンタム・セオリではありません、クウウオンタム・テオリです。quの発音がうまくできても長さが短くては通じません。発音がわるくても、クウウオンタムと十分に長さを稼げば大丈夫でしょう。オーストラリアのQantas航空もカンタスではなくクウアンタスです。

　日本の学校での英語教育では、このような母音・子音の長さの使い分けを教えてくれません。

　ほかにも、GとZはカタカナではどちらもジーと同じ表記になり、日本人には難しい子音です。あえて書くならジイイとズィでしょうか、相当意識しないと伝わりません。

なぜ？　なあんでえやねえん

7　カタカナ表記が英語習得の妨げ

　その昔、外来語である漢字を導入することによって日本の文化は大きく広がりました。現代の日本、外来語のローマ字は否定されています。同じ外来語でも、漢字はいいのにローマ字はいけないのです。ローマ字はカタカナに書き直さなければなりません。

　そのときに大問題が発生します。元のスペル情報が失われてしまい、LかR、fかh、bかv か、わからなくなってしまいます。

　「ドライブスルー」の「ラ」「ブ」「ス」「ル」はそれぞれ「r」「v」「th」「r」です。コンピューターの「ラップ」トップと音楽の「ラップ」ミュージックと贈り物を包む「ラップ」用紙の「ラ」は「L」「R」「WR」とそれぞれ違います。同じ発音ではまったく通じません。カタカナは禁止して外来語はすべてローマ字で書くようになればいいのにと願っています。中国語は漢字で書けというのに英語はアルファベットではだめでカタカナで書けというのは、私にはとても不思議です。

　さて、赤ちゃん用品はカタカナを使って「ベビー」用品と書きます。「ベビー」はアメリカでは通じません。母音の長さが2か所とも違っています。正しくは「ベエイビ」でしょう。1つ目は長く、2つ目は短く、日本英語の逆です。Ladyは「レディ」ではなく「レイディ」です。コンピューターのmemoryは「メモリー」ではな

く「メイモリ」と、後ろは短母音です。最近に日本語英語になった「モチベーション」は「モウティベイション（motivation）」、「パフォーマンス」は「パアフォーマンス（performance）」です。

　最近はとくに母音の長さを短くする傾向があります。科学技術用語では、computer を「コンピュータ」、sensor を「センサ」、「Laser」は「レーザ」と書くことが多くなってきました。英語として話すときには、舌は巻かなくてもせめて「er」は長さを持って発音してください。

　「motor」は、昔は「モートル」と表記していたのが、いつのころからか「モーター」になり、いまや「モータ」です。「or」は私は「トル」と書くのがよいと思います。最近の電子回路の本では、power が「パワ」と書かれています。Power transister は「パワ・トランジスタ」。あまりに強引な省略です。ローマ字にすると Powa Transista です。「r」が完全に欠落しています。そのうちに、車「car」のカタカナ表記は「カ」、彼女「her」は「ハ」になるのでしょうか。変なカタカナ英語で日本人の英語の発音能力はますます低下します。英語教育者は、なぜ批判しないのでしょうか。

　日本語本体にも、長母音がなくなりつつあります。「おはよう」は「おはよ」、「ありがとう」は「ありがと」と短くつめて発音する人が増えています。母音を縮める傾向はおそらく標準語（東京弁）が茨城弁などの北関東なまりに影響を強く受け始めたからではないかと思います。**スローライフ、焦らずゆっくりゆったり発音する**

ことが、英語の基本です。

ただ、この本ではみんなが慣れていないので、日本語標準のカタカナ表記にしています。

8 通じる訛り

先に述べたとおり、私の研究室にはいろいろな国の人がいます。それぞれに強い訛りがあります。インド人はヒンディ訛り、フィリピン人はフィリピノ訛りが強い。中国人はシステムがシステンで、mとnの発音の区別がない。イタリア人はイタリア語訛り、ドイツ人はドイツ語訛り、フランス人はフランス語訛り。一番難しいのは、ネイティブな英語スピーカーであるオーストラリア人の英語、オージー訛りです。とくに若い人の言葉はわからない。これは日本人でも同じです。

私はお国訛りがあったって一向にかまわないと思います。通じさえすればいいのです。話せること、聞けることがまず大切です。

ＬとＲ以外に日本人が苦手なのはthでしょうか。これはカタカナで「サ」行になりますが、「サ」では絶対に通じません。イギリスの元首相は日本では「サッチャー」さんですが、綴りは「Thacher」です。「サッチャー」では世界中のどこでも通じませ

んが、「タッチャー」なら通じるかもしれません。「th」は「s」にはならないけれど、「t」なら OK です。

「Thank you」も「サンキュー」ではまったくダメ。「タンキュー」なら訛りの範囲内で OK です。「ダンキュー」でもいいかもしれません。ちなみにドイツ語では「Danke shön」（ダンケシェーン）です。「Theater」も、シアターはまったくダメですが、多分「テアトル」なら OK でしょう。

カタカナ日本語は「th」を例外なく「サ」行に変えてしまいます。「アスリート」「アスレチック」は「アトゥリート」「アトゥレテック」、「ドライブスルー」は「ドライブトゥルー」、「セオリー」は「テオリ」のほうがましでしょう。IBM の「シンクパッド」は「ティンクパッド」、「サザンオールスターズ」は「サダンオールスターズ」です。

インテルの創業者のひとりであるアンドリュー・グローブさんは、東欧のハンガリー出身のユダヤ人で、ドイツそしてロシアと迫害され、命がけで単身アメリカに亡命しました。彼がアメリカで困ったのは、自分の名前が正しく発音されないこと（ハンガリー語のスペルをアメリカ人が発音するとグラフになる）でした。そのためにスペルを変えて Grove としたら、母国語の発音と英語の発音が近くなって嬉しかったと、彼の本に書かれています（『私の起業は亡命から始まった！』、樫村志保訳、日経 BP 社、2002 年）。アメリカでも通じる訛りを話すことが大切です。

「f」や「ph」の発音は、電気通信業界（学会）で乱れきってい

ます。光の粒を意味する「photon」は「フォトン」ですが、「ホトン」にする傾向があります。「浜松ホトニクス」という会社名もあります。「フォト・トランジスタ」は専門書では「ホト・トランジスタ」と書かれています。電気系の学会では交通（トラフィック）を「トラヒック」と書くようです。インター・フォーン（interphone）は「インターホン」。「ホト」「ホト」困るとはこのこと。Ph、ｆの発音をｈにするという訛りはあまりに強すぎて、どこの国の人にも通じません。

コラム24
「Could you please speak slowly？」

　英語が聞き取れないときには、「Could you please speak slowly？」と頼んでゆっくり話してもらえばよいとよく言われていますが、本当にそうでしょうか？ いくらゆっくり話しても、日本人には通じないことが多いだろうと思います。外国人は、日本人の期待する「ゆっくり」で英語を話すことができないのです。

　ネイティブ・スピーカーは、「Could you please speak slowly？」という文章を「ゆっくり」話せと言うと、「Could you」と早く言って、しばらく待ってから「please」とゆっくり言って続けて「speak」は早く言い、そしてゆっくりと「slowly」と話すでしょう。そして私たちは、この短・長・短・長のリズムに面食らうのです。リズムを崩すことができないのです。

> ポッドキャストでTOEFLの講座を聞いてみてください。過剰にゆっくり話しているのですが、単語と単語の間を区切って合間を長くとっているだけなので、果たしてこれで慣れていない日本人が聞き取れるかどうか疑問です。「Could you speak slowly ?」と頼むより、いっそ書いてもらったほうがよいかもしれません。

9 単語をらくらく覚える

アメリカに『Word power made easy』という本があります。アメリカ人なら誰もが読んだことのある超ベストセラー本です。この本では、単語を分解してその語源を解説しています。語源を知ることによっていくつもの単語を覚えることができます。

たとえば、「昆虫学」は英語では何と言うのでしょうか？「entomology」です。「tomo」は「切る (cut)」を意味します。昆虫というのは、節からできた節足動物であり、部分ごとにカット「tomo」された動物です。その学問 (logy) だからentomologyとなるのです。「en」は生きものを表します。このように、英語の単語も漢字のように部分ごとに分解できて、その組み合わせとしてできています。そうなると覚えるのも楽しくな

ります。昆虫の「insect」の「sect」は、「section」でわかるように、切ることを意味します。

「cut」を意味する「tomo」は、「anatomy」や「tomography」といった単語にも使われています。「anatomy」は解剖学であり、「tomography」は断層写真です。「graph」は「photograph」の「graph」と同じでグラフ、すなわち写真とか画像を意味します。「atom」の「tom」も同じです。「a」は否定の接頭語なので、原子を意味する「atom」は「non-cut」、もうこれ以上切れないという意味です。原子はこれ以上分けられない物質の最小単位です。

哲学は「philosophy」ですが、この「phil」は、フィルハーモニー「philharmonic」にも出てきます。「phil」は愛することを意味し、「philosophy」は知を愛すこと、「philharmonic」はハーモニー（和音）を愛することとなります。科学の用語の「親水性」とは、水になじみやすくて水をはじかない分子基の性質ですが、これは「hydrophilic」といいます。「hydro」は水、「phil」は愛する（好む）です。「Philippines」や「Philadelphia」は、愛すべき国、愛すべき都市です。

『Word power made easy』にはこういった単語の覚え方がいろいろ書いてあります。日本人が漢字を覚えるように、アメリカ人も一生懸命英単語を覚えています。いまなおたくさんの造語が生まれてきます。その新しい言葉は、英語圏の人にとっての外来語であるラテン語かギリシア語からできた言葉です。日本人が漢

字を使って新しい単語を作るのと同じです。

　英語を要素に分けてそれぞれの語源を知ることで、新しい単語が出てきても意味を推測することができるようになります。私は知らない言葉に出会ったときは、いつもそれを分解して語源を探ります。

　英単語を語源から覚えるという方法は、日本の学校では多分教えられていないと思いますが、漢字を部首に分けて学ぶのと同様に楽しい覚え方ではないでしょうか。日本の英語教育は、繰り返しばかりの苦痛な授業が多く、苦労のわりには成果が出ていないかもしれません。

　日本人向けに、短時間で楽をして英語を学ぶための教育学をサイエンスとして確立させることが必要です。もともと語学の才能のあるいわゆる文系人が英語を教えるいまの教育をやめて、語学の才能のない理系人が英語を教えるほうがいいかもしれません。

コラム 25
マクドナルドを伝えられますか？

　日本人は「マクドナルド」の発音が苦手です。これは「McDonalds」を1つの単語として見てしまい、アクセントがどこにつくかがわからないからです。「Mc」（あるいは「Mac」）はスコットランド語で息子（男の子）を意味します。「Mcdonald」はDonaldさんの息子という意

味です。そこで、McDonald を発音するためには、まず Mc を発音し、一拍おいて、次に Donald と発音します。
　MacArthur は Arthur さんの息子。だから、Mc といって Arthur とゆっくり発音します。
「Donaldson」も Donald の息子です。同じように Donald にアクセントをつけます。「Johnson」「Thomson」なども同じ、Thomson の Th の発音は「T」です。要するにトムの息子です。Anthony はニックネームは Tony となり、これも Th が T になります。Th は S にはなり得ないけれど T なら OK、と本文に書きました。
　このように語源を学ぶことは発音の習得にも通じているのです。

おわりに

　生徒たちの先生は教師です。ではその教師たちの先生は誰でしょう。教育委員会のお偉方でもなく文部科学省でもありません。教え方が下手だったら「先生、わからない」って言ってくれるのは生徒たちです。何人もの生徒がうたた寝を始めたら、それは教え方に問題があるのです。授業内容が整理されておらず、生徒たちにとって難しすぎるか退屈なのでしょう。

　「先生は誰にプレゼンの仕方を教わったのですか」「誰が論文の書き方を教えてくれたのですか」と、訊かれることがあります。私はプレゼンの仕方や論文の書き方を人に教わったことはありません。

　私の先生は、聴衆と学生たちです。私の講演に対する聴衆の反応を見て、自分の講演のまずさを学びました。また毎年たくさんの学生の発表や論文を見て、彼らにアドバイスをするうちに論文の書き方や発表の仕方を学びました。この本で書いたことは、私自身とたくさんの学生たちの失敗と学習の集積です。私の研究室を通り過ぎていった多くの学生たちに、感謝しています。

　論文の書き方、発表の仕方、英語の話し方などいまさら私が書くまでもなく数かぎりなく多くの書物が出版されています。そのなかでも私の開発してきた方法と似ていて私が共鳴し、学生たちに勧めているのは、木下是雄さんの『理科系の作文技術』（中

央公論新社、1981年)、『レポートの組み立て方』(筑摩書房、1990年)、マーク・ピーターセンさんの『日本人の英語』(岩波書店、1988年)、『続・日本人の英語』(岩波書店、1990年)、野口悠紀夫さんの『「超」整理法』(中央公論新社、1993年)、『「超」勉強法』(講談社、1995年)などです。この本にも彼らのメッセージに影響を受けている箇所が多くあります。併せてお読みになられることをお勧めします。

私は自分のホームページに毎月、「今月のメッセージ」というコラムを書いています。忙しくて話をする機会が少なくなった私が、研究室の学生たちとホームページ上で雑談をします。この本はそのコラムで論文の書き方・プレゼンの仕方を掲載したことがきっかけとなりました。ホームページを作ってくれた坂井均也さん、毎月のホームページをアップロードしてくれる下出愛さん、出版企画をいただいたアドスリー社長の横田節子さん、そして一緒に温泉に泊まり込んで原稿書きを助けてくれたアドスリーの石井宏幸さんに感謝、感謝です。アウトラインを作ってから、忙しさにかまけて、3年越しの執筆になってしまいました。これまで多くの専門書をまとめてきましたが、27冊目で初めての一般向けの本です。

日本の学生や大学院生、そして広く、プレゼンやレポートの書き方に悩む社会の人にこの本がお役に立てば幸いです。

河田　聡（かわた　さとし）

大阪大学特別教授、理化学研究所名誉研究員。1974年大阪大学応用物理学科卒業・79年同大学院博士課程終了、工学博士。カリフォルニア大学アーバイン校研究助手、大阪大学助手、助教授を経て、1993年より同教授（応用物理学専攻、生命機能研究科）、2013年より特別教授。2002年〜12年理化学研究所主任研究員、2015年まで同チームリーダー兼務。阪大フロンティア研究機構長、阪大フォトニクスセンター長等を歴任。専門はナノフォトニクス。日本分光学会会長、応用物理学会会長、Optics Communications編集長等を歴任。OSA・SPIE・IOP・JSAPフェロー。1996年日本IBM科学賞、2003年島津賞、2007年紫綬褒章、2008年文部科学大臣表彰、2008年日本分光学会学術賞、2011年江崎玲於奈賞などを受賞。2003年ナノフォトン株式会社創業・取締役会長。http://www.skawata.com/ から毎月メッセージを発信。

論文・プレゼンの科学　増補改訂版
―読ませる論文・卒論、聴かせるプレゼン、
優れたアイディア、伝わる英語の公式―

2016年2月24日　初版発行
2016年11月1日　第二刷発行

河田　聡　著

発　行…株式会社アドスリー
〒162-0814 東京都新宿区新小川町5-20
サンライズビルⅡ 3F
　TEL：03-3528-9841
　FAX：03-3528-9842
　E-mail：principal@adthree.com
　URL：https://www.adthree.com/

発　売…丸善出版株式会社
〒140-0002 東京都千代田区神田神保町2-17
　　　　　神田神保町ビル6F
　TEL：03-3512-3256
　FAX：03-3512-3270
　URL：http://pub.maruzen.co.jp

印刷製本　日経印刷株式会社

©Adthree Publishing Co., Ltd., 2016, Printed in Japan
ISBN978-4-904419-59-5 C3040

定価はカバーに表示してあります。
乱丁、落丁は送料当社負担にてお取り替えいたします。
お手数ですが、株式会社アドスリーまで現物をお送りください。